在快的时代，
你要慢

亦 喃◎著

花山文艺出版社

河北·石家庄

图书在版编目（CIP）数据

在快的时代，你要慢 / 亦喃著. -- 石家庄：花山
文艺出版社，2020.1（2024.1重印）
ISBN 978-7-5511-4890-0

Ⅰ.①在… Ⅱ.①亦… Ⅲ.①心理学—通俗读物
Ⅳ.①B84-49

中国版本图书馆CIP数据核字(2019)第184740号

书　　名：**在快的时代，你要慢**
Zai Kuaide Shidai, Ni Yao Man
著　　者：亦　喃
责任编辑：贺　进
责任校对：林艳辉
美术编辑：王爱芹
封面设计：王玉美
出版发行：花山文艺出版社（邮政编码：050061）
　　　　　（河北省石家庄市友谊北大街330号）
销售热线：0311-88643299/96/17
印　　刷：三河市天润建兴印务有限公司
经　　销：新华书店
开　　本：880毫米×1230毫米　1/32
印　　张：6.5
字　　数：160千字
版　　次：2020年1月第1版
　　　　　2024年1月第2次印刷
书　　号：ISBN 978-7-5511-4890-0
定　　价：49.80元

·序·

在当今经济快速发展的时代，我们无论做什么，都求一个"快"，仿佛只要足够快，就意味着在这场与时间赛跑的比赛中，能够取得胜利。然而，事实上真的是这样吗？

恐怕未必。

若只有快而没有准，没有精，没有细致，没有正确，那么即使有再快的速度，最后换回来的结果，也不会尽如人意。

所以，在求快的同时，还应该做到精益求精。而若想要做到这点，认真与沉稳的心态，则必不可少。

因此，"让心慢下来"成了我们经常听到的口号。不再给心施加过大的压力，让心归于平静，无论面对多大的风浪，多大的压力，都能做到泰山崩于前而面不改色，都能用最稳重、最平静的心态去面对一切。

慢下来，在情绪即将失控时，才有足够的时间去思索如何才能让自己平静，从而避免祸从口出，体会在淡定人生里的平凡与幸福。

慢下来，才能在说话之前将想要表达的内容在头脑中思考一遍，过滤掉不合时宜的内容，以最优雅的话语来与人交流。

慢下来，才有足够的时间去思索自己想要的究竟是什么，从而平衡生活与工作，对视理想与现实。

慢下来，才能有心去计算未来的一切，将自己的人生重新规划，设定好所走的每一步，从而达到事半功倍的效果。

慢下来，才能更好地感悟生活中的点滴温情，找到属于自己的人生。

于快节奏生活的时代，慢一点生活，才能找到与之相适的内心节奏，平衡工作与生活，继而懂得，于快节奏的时代，慢下来更高效。

人之一生，太过珍贵，只有好好生活，方为珍惜时间。在这个生活节奏过快的时代，幸福感与满足感，似乎成为当代人越发缺失的情感。而于我们而言，个人的最高境界，莫过于能够保持自我，做自己，实现自己的价值，获得幸福感与满足感。

本书立足于个人情绪、言论、效率、境界等方面的培养与提升，使人能够更好地处理与平衡快节奏时代下的个人生活，不做时间的奴隶，成为自己的主人，从容过一生。

· 目 录 ·

第一章

情绪失控前慢下来，体会淡定人生

　　时代在进步，生活节奏也在加快。在这个快节奏时代，很多人都患上了速度焦虑症。在高度压力下的当代人，不论身体还是心理，都呈现出一种"亚健康"状态。而个人的情绪，也经常会出现崩溃、抑郁或歇斯底里。

　　这是一个让人容易获得成就感的时代，也是一个使人感到束缚的时代。当个人身心承受不住自由的代价，便可能会滋生出逃避现实的想法，情绪也会变得容易波动，时不时地感到低落、压抑，甚至绝望。

　　虽然我们无法拒绝被这些消极情绪缠上，但是，我们却可以学着控制与调节，在情绪失控前让心平静，让自己的一切行动都慢下来，从而思考并找出更恰当的方式来发泄和平复这些消极情绪。

一、做情绪的主人，做内心强大的自己

你是否因上司的批评而耿耿于怀，结果在工作中再次犯下类似错误，直至辞职的念头盘旋在你的心头？你是否困扰于夫妻间的一次谎言，于是对方言行一旦与平时有所不同，你便疑虑重重而整夜不能入眠？你是否习惯拖延而让自己一事无成，却只得找借口安慰自己平凡可贵？你是否加入了手机"低头族"而无法自拔，仿佛唯有手机才能带给你安全感？你是否沉迷于抱怨而丧气满怀，结果祸不单行……

当你意识到自己出现类似状况，并由此给自己的工作或生活造成或大或小的消极影响时，你就再不可轻视这些情况，因为"情绪病"可能已经找上了你。

要远离"情绪病"，你必须做到慢下来，让自己变得平静，努力认真地了解自己，从而更好地了解情绪，进而掌控自己的情绪。

情绪，是一个人内心世界的一面镜子。它是一种普遍的心理，是人的内心世界的外在表达。无论是悲是喜，是哀是乐，内心都会通过情绪来告诉我们。

在这个快节奏的时代，工作与家庭的平衡，与朋友或陌生人的相处，并非能事事都顺心，很多时候，还会让人感到异常烦恼。在这种情况下，各方面的压力也像彼此商量好的一样，一起冒了出来，对于心理较为脆弱的人来说，无力感便会如影随形，神经也会变得紧绷，仿佛随时会断掉，时间久了，人难免会感到崩溃。

事实上，压倒人的最后一根稻草，往往不是最后所经历的那一件事情，而是平时消极情绪的积累而不懂及时排泄所酿成的后果。

烦闷时，不焦躁；愤懑时，不冲动。不苛求完美，在不完美的时候也不懊恼，不歇斯底里。不如意时也不埋怨，以平静的心态，去面对生活中的"惊吓"，方能不被生活中的阴影所笼罩。如若不然，最终困扰的只会是自己。

刘鄂最近觉得诸事不顺，情绪波动非常大。由于同事的疏忽，接手的项目接二连三出错，作为项目负责人的刘鄂，无疑因此而受到了领导的批评。所幸造成的损失并不大，所以领导决定给他一个补偿的机会。对此，刘鄂表示自己定会不负所望。其实，对于凡事追求完美的刘鄂来说，自己负责的项目出错也是他本人所不能容忍的。

重新收集数据，查找相关信息，协调项目其他人员的工作，每一个步骤，刘鄂都尽量参与其中。过程中一旦出现小瑕疵，尽管不影响整体效果，刘鄂也要将之前的推翻，重新再来。

刘鄂工作严谨负责，对自己近乎苛刻，对同事也要求严格，甚至有些不近人情。同事对此不是没有怨言，奈何刘鄂的脾气很是火暴，所以即使是工作期间，其他人也不想跟他有太多的接触。

经过多方的努力，项目最终圆满完成。受到领导赞赏的刘鄂却并没有太多欣喜，因为他发现了曾经一起共事的同事们对他所表现出的畏惧与疏离。这样的发现，让他有些难过。

下班回家的路上，因为遇到晚高峰，刘鄂的车被堵在了路上。压抑了一天的烦躁情绪瞬间涌上心头，在车辆的缓慢挪动中，刘鄂多次用力拍打方向盘。一个急刹车后，当前面的车主探头向后，大声嚷嚷刘鄂的车靠得太近，怒上心头的刘鄂索性一踩油门直接撞上了前面的车。一场本可避免的追尾事故就此上演。

坏情绪会酿成"多米诺骨牌效应"。当处理完事故，很晚才回到家的刘鄂看到躺在沙发上悠闲看电视的妻子时，心里很不舒服。在妻子端上饭菜后，刘鄂终于找到借口以饭菜太咸为由大发雷霆，妻子不能忍受他的无名火，两人因此而吵得不可开交。

虽然闹情绪是每个人的正常反应，但不分场合、不分时间，毫无分寸地乱发泄情绪则关乎个人修养与品性，轻则让自己陷入烦恼抑或后悔之中，重则导致个人的事业不顺、家庭不美、朋友不亲。

一个内心不够强大的人，很难掌控自己的情绪。而不论是在工作还是生活中，只有很好地掌控自己的情绪，才能遇事不慌，遇事不恼，才能以平静的心态去面对一切挑战，并在关键时刻做出正确的抉择。

不可否认的是，一个人的人际关系与其对情绪的掌控能力是有直接关系的，尽管他可能如刘鄂般有才能，却可能由于处理不当各种关系而导致同事间不和谐，进而影响自己的工作与生活。

由此可见，学会掌控情绪是非常重要的。聪明人懂得有意识地感受自己的情绪，继而掌控情绪，让积极的情绪化为内动力，从而促使自己有所收获。那么如何才能学会调控自己的情绪与行为呢？我们可以从以下几个方面来着手。

（一）接纳自己的不完美，适时发泄情绪

人无完人，要从内心接受自己的不完美。你可以苛刻对待自己，却不能一味要求他人完美无缺，这就需要凡事把握一个度。当然，也要学会适时发泄，而不是任由情绪随意爆发，以防伤害到彼此。

（二）反复深呼吸，让自己尽快冷静

学会利用简单的"深呼吸"法。一旦感到自己情绪不稳，立刻深吸气，缓呼出，重复数次，待情绪稳定后再做打算。

（三）学会事后反省，每次进步一点点

犯错是常有的事，而我们能做的，就是从每次错误中吸取教训，避免类似的错误再次发生。自我反省是一种很好的成长方式，更是了解与掌控无形却随行的个人情绪的有效方法。

只有成为情绪的主人，不被情绪左右时，才能成为真正内心强大的人。当你的内心足够强大时，便能够做到从容地面对生活中的不如意，在逆境中也可以活出自己想要的模样，成为那个自己欣赏的人，过好淡定自得的一生。

二、不在生气时做决定

　　人这一生，除了无法决定自己的出身之外，其他的事情，都直接或间接需要我们自己来做出选择与决定。可以说，人的一生，便是在不断选择中度过的。一旦做出了选择，便要落子无悔，无论结果是好是坏，是遗憾抑或圆满，当事人都得承受。

　　恰当的决定，会让事情朝着理想的方向发展，而错误的选择，则会阻碍事情的进展，甚至让人步入歧途。人在生气时，情绪失控，理智便会缺位，这时候所做出的决定与选择，十有八九是错误的，而最终的结果便是让自己陷入困境和后悔之中。

　　心理学研究表明，人在生气时智商为零。生气时说出的话，因失去了冷静而伤人；生气时做出的选择，因酿成恶果而使人痛苦。

　　当然，生气并不可怕，这是每个人的正常情绪表达。没有不生气的人，哪怕是脾气再好的人，也会有生气的时刻。既然在生气的时候做出的决定很有可能会让我们后悔，那么关于如何才能学会合理控制与处理自己的情绪，不在生气的时候做决定，就成了每个人都应该学习的人生必修课。

　　在公司遭受到不公平的对待，一气之下辞职，所得到的不过是愤懑加失业；情侣间吵架时道出分手，很多时候不过是逞口舌之快，却可能因此而葬送了一段让自己追悔莫及的感情。在愤怒时的一时发泄，虽然让当时感到心情很爽，但往往会在事后让我们后悔，甚至还会让我们付出惨痛的代价，这样的结果一定不是大家想看到的。

郭冬临在小品中说，"冲动是魔鬼"。这句话无疑不是在告诉世人，如果想要避免追悔莫及的场面，就千万不要在情绪不稳时做决定。

方芳是一家全球 500 强公司的老员工。从大学毕业，方芳便如愿应聘进了这家公司。对工作的热爱与努力，以及心怀公司重视自己的感恩，方芳在第三个年头便成为公司的骨干力量。有升职，有加薪，更有领导对自己才能的肯定，前景大好，方芳很是满意目前的工作与生活状态。

注入新血液是公司发展壮大的必然举措。方芳所在公司每年都会引进大批人力，为公司的发展提供人才。对于引进的优秀人才，方芳是打心底接纳他们的，并为公司的慧眼识珠而感到庆幸。当公司委任方芳带一名名校毕业的应届生时，在感受到领导信任的同时，方芳还是有些许压力的。为了不辜负公司的期待，方芳将多年来的所学所悟悉数传授给了实习生。

在方芳的用心栽培与实习生的努力学习下，实习期尚未结束，方芳便知晓实习生在工作中可以独当一面了。

当方芳如实向领导汇报后，经考核，不久后实习生便转正了，并留在了方芳所在的部门。方芳很是欣赏新同事的虚心与上进，亦激发了其拼劲。尽管新同事的学习与感悟能力超强，凭着丰富的实践经验与努力，方芳仍旧走在其前面。只是，在公司将一个重大项目交给方芳负责时，她才察觉到有所不同。

以往的项目，方芳会是主要负责人，新人则是以学习的名义参加。这次她仍然负重责，而才转正不久的新同事，竟然也成为此项目的主要负责人，尽管名义上是方芳的助理。方芳接受了公司急需培养新人的理由，带着新同事奋战数日，完美收工。

当第二次着手项目时，新人与方芳一同成为项目的主要负责人。第三次时，新人为核心负责人，方芳升为了监督者。明升实降，方芳已经失去了项目的决策权。与新人平起平坐，方芳的心里不无想法。当偶然间听闻办公室其他人对她"失宠"的窃窃私语后，方芳再也做不到淡定了。

在一次大会上，领导高度赞扬了新人的能力。散会后，看到办公室人员纷纷前去祝贺新人，且在不经意间朝自己投来同情的目光，方芳终于忍不住了。方芳觉得领导嫌弃她非重点学校毕业，一旦有了更适合的人才，她便被抛弃了。被徒弟超越，不再受领导的重视，好强的方芳越想越气，越想越委屈。既然公司不仁放弃了她，那她也没必要再赖着不走。怒火烧心的方芳熬夜写好了辞职信，第二天一大早便将辞职信递给了上级。

拿着方芳的辞职信，上级边摇头感慨边签了同意两个字。其实，方芳为公司的鞠躬尽瘁领导都看在眼里，数次紧急培养新人，不过是为了在即将将方芳升职为公司经理职位后培养接班人。领导没有提前告知方芳，算是对其的最后一道心理素质考验，显然，方芳没能通过。

人都有感性的时候，生气时理智往往是不存在的。而一时气愤所做出的抉择，有可能让你失去一份理想的工作，一位要好的朋友，一段珍贵的感情，甚至是最为珍视的生命。

美国心理学家雅克·希拉尔说过："愤怒是一种内心不快的反应，它是由感到不公和无法接受的挫折引起的。"因受到不公待遇或委屈而愤怒，是可以理解的，而在愤怒时做决定，则是不可取的，甚至是危害极大的。

实际上，于气头上做决定，是对自己不负责的表现。一个能够控制自己情绪的人，懂得任何决定只有不在生气时做，才可避免冲动的惩罚。而能够做到这一点的人，其内心也是强大的。生气时不冲动，需要我们掌握方法。

（一）及时离开是非地

当你在气头上时，旁人对你的任何劝说几乎都是无意义的。你的言行，很有可能一点即"燃"。正确的做法是，在情绪失控前，及时离开是非之地，给自己一个空档独处，多做几次深呼吸，从而让自己冷静下来。因为时间与空间是让人恢复理智的良药。

（二）进行积极的心理暗示

他人的质疑和冒犯，都可能让你怒火中烧，随即做出损人不利己的决定。不论错在他人还是自己，遇事以积极的心态来面对，能最大程度降低伤害指数。

（三）有意识地进行心理锻炼，以长远眼光看待当下

身体需要锻炼，心理同样需要。懂得扩大自己的胸襟，遇事情绪不要大起大落，并在经历中锻炼与提高自己的心理素质。能以长远的眼光来看待当下，尤其是涉及自身利益的事，做决定

前多问问自己三年或五年甚至更长时间后是否会坚持此决定，方能更理解发生的事，明白事情的真相，从而不因误会而做出错误决定。

　　每个人的忍受都是有限度的，一旦超过最高阈值，便容易怒上心头。然而，生气时所说的话，往往并非出自本意；生气时所做出的决定，往往会让人后悔莫及。只有战胜坏情绪，控制怒火，待恢复理智后再做决定，方能真正解决问题。谨记，气愤时如若不能做出理性判断，那就不做任何决定，懂得让思维慢行一步。

三、焦虑，会让你陷入困境

紧张是人的正常情绪表达，可以说，每个人都会紧张，然而当紧张过度，变得过分焦虑，甚至演变成焦虑症时，就需要我们注意并想办法对其进行改善了。因为，长期的焦虑是会降低人的幸福感的。

重大考试前的适当焦虑，可以让你更用心备考，而过度焦虑，轻则可能会导致考试结果不理想，重则很可能会在考试过程中出现眩晕、胸闷，甚至晕厥等状况。为事业前途的适当焦虑，有助于激发你寻求更好的发展方式，而过度焦虑则会导致个人的压抑或沮丧，损坏精气神。

在日常生活中，有太多的琐碎之事使人劳心劳力，为金钱发愁，为健康担忧，为家庭忧虑，由此导致的广泛性焦虑，已经成为一种常见的心理症状。

伴随着时代的快速发展和生活节奏的加快，随之而来的是越来越广泛的焦虑。每个人都活在焦虑之中，时刻紧绷自己的神经，担心自己哪怕松懈一刻，就可能会被时代抛弃，成为失败者。很多人为了能拥有更好的未来，开始忘记初心，忽视自己的实际能力，去梦想着一些不切实际的事物，换来的往往是身心俱疲，得不偿失。

在对后代的教育过程中，这种广泛性焦虑尤为常见。心系孩子是母亲的天性，孩子作为父母生命的延续，有着特别的意义。对父母来说，能够让孩子有一个良好的教育是十分重要的事。很多父母更是在孩子尚未出生时便开始进行胎教。等到孩子稍大一些，又因为担心孩子若是无法接受良好的教育，可能会输在起跑线上，便开始挖空心思给小孩报各种补习班。当孩子长大后，子女的成家立业又成了父母心里的头等大事。无疑，上一辈对子女成长成才的焦虑情绪又会在一定程度上影响着子女对下一代的教育，这样代代相传的焦虑，一代影响着一代。

需要我们注意的是，对于父母期待子女成才的心理我们可以理解，但若是在这个过程中，父母表现得太过心急，从而出现"揠苗助长"的情况，那么结果往往会背道而驰。

只有一个孩子的林萍对女儿十分珍视，在女儿尚未出生时便为其做了各种打算。

怀胎十月，女儿如期来到人世。像每个父母那样，林萍对女儿寄予了最美好的祝愿。在林萍的期待下，女儿一天天长大。为子女的成长做规划是父母的责任，林萍在这一点上尤为突出。在孩子刚牙牙学语时，林萍便每天为女儿播放英语音频，以期为其英语能力打基础。孩子未满两岁，林萍就将其送到了早教班学习。

然而，一切并未朝着林萍所想的那样发展。当林萍第五次接到早教班老师的电话后，不无气愤。原来女儿一直不肯在班里学习，尽管班里与其同龄的孩子很多，也有丰富的玩乐场所。林萍觉得女儿不够优秀，但还是相信她只是不能很快适应不在父母身边的生活，她会慢慢习惯的。之后过了很长一段时间，女儿总算不再一到班级里便哭个不停。

在孩子再大一点时，林萍将其送进了学前班。因未达到法定入学年龄，林萍让女儿一直留在小班。为了让孩子受到最好的教育，林萍将女儿送到了全市口碑最好学费也最高的贵族学校。

林萍信奉学什么都应该趁早，不让孩子输在起跑线上，这也是身边家长的做法。随着女儿的长大，林萍给女儿报了各种培训班，包括舞蹈班、钢琴班、美术班、书法班等。除了上课，孩子的课余时间被安排得满满的，寒暑假更是如此。自从有了孩子，家里的电视成了摆设，家里最多的，是随处可见的书籍。

父母是孩子的第一任老师，林萍是赞同这点的。因此，除了学校老师布置的作业，林萍还特意为女儿布置了一份家庭作业。女儿上幼儿园时，林萍便开始给她辅导一年级的知识，女儿读小学时，林萍总为其提前准备高一年级的课本。

一次偶然的机会，林萍看了小学三年级女儿的日记，才发现女儿并不喜欢总是学习，也对辅导班的课程不感兴趣，甚至对她这个母亲也多有怨言。不过，林萍并不在意女儿的想法，在她看来，自己所做的一切都是为了女儿有一个更好的未来，待她长大后，定会感激自己。林萍的这些想法，直到女儿留下只言片语离家出走才有所改变，同时她也意识到注重孩子情绪的重要性。

林萍夫妇费了很大气力，才找到孩子。在女儿的哭诉中，崩溃的林萍觉得自己是一个失败的母亲，此时的她才醒悟自己一直做的并非全是对的。

本来脾气温和的林萍在女儿出生后，脾气反而变得焦躁易怒。

太过在意女儿的一切，不想让女儿比别人差的攀比心理让她逐渐失去了自我。她不但给自己施加了过大的压力，同时也压抑着女儿，终于让孩子无法承受这样的压迫而选择离家出走。

在这个快节奏的时代，信息的爆炸容易让人产生一种你只有获取更多的知识、掌握更多的技能，方能走在时代前列的焦躁之感。而生活中的一切，似乎都应该比他人更快、更好，才能收获满足感与愉悦之情。只是，一味注重所获的多与快，随之而来的，即是急功近利乃至攀比的心理。

在攀比的过程中，孩子的快速成才成为父母容易拿来炫耀的资本。浮躁的风气更是助长了为人父母的焦躁之情。随处可见的高效辅导班宣传，铺天盖地的各类学习广告，让重视教育的家长被动且盲从，徒生众多攀比与焦虑。家长如若不能处理好自己的压力以及随之而来的焦虑情绪，就做不到为子女营造良好的成长环境，不利于子女的健康成长。

想要避免这样的情况，控制焦虑，你可以做到以下几方面。

（一）充实自己的生活，减少"焦虑"机会

当自己的生活充实有趣，才不会时时忧心忡忡。培养个人兴趣，或练字、或插花、或阅读，提升生活情趣与自身素养，才不会有太多的精力放在"焦虑"这件事上。

（二）摆正心态，拒绝攀比

处于竞争激烈的当代社会，随着科技的进步，对于外界信息的接收可谓是时时刻刻的，这就可能导致我们一味地对比，即只看到他人的成就，并在此刺激下，太过追求功名而变得急躁。我们应该懂得理性看待他人的成功，继而以平和的心态来追求自己的理想，方不会陷入焦躁的旋涡。

（三）释放压力，减法生活

压力与焦虑往往是相伴而行的，凡事量力而行，无论是对于自身还是他人，不过多贪求欲望的满足，不苛求完美无缺，方能淡然生活。我们应该给生活做减法，不过多计较生活中的小事，学会给自己减压并适时发泄情绪，防止消极情绪的爆发影响身边人。

孩子不焦虑的前提是家长不焦虑，而不焦虑的家长会让孩子变得更优秀。如果避免不了快节奏以及有压力的生活，可以适当放慢步伐，让心灵得以恢复平静。在陪伴孩子成长的道路上，不急躁、不攀比，让孩子能够快乐成长，家长亦能从容生活。

四、浮躁时，学会冷却自己

　　随着时代的进步，过快的生活节奏使得社会纷繁复杂、乱象重生。"别人家的"这个词已然泛滥，作为"优秀"的替换词，更通俗地表达了说话人未能拥有的羡慕之情。实际上，这个词更深层次的则是诠释了一种当代人的浮躁心理。别人家的男朋友，懂浪漫、解风情；别人家的孩子，懂事、听话、学习好；别人家的房子，高端、大气、上档次；就连别人家的空气，似乎都更为新鲜。

　　因为信息传播速度加快，让我们或主动或被动地接收了更多的信息，即使本没有比较之心，却仍旧免不了会被他人的成就而扰乱心神，甚至因为自己暂时的落后而感到自卑或难过。谁家买了新房子，谁家换了新车，谁家孩子考上了重点，谁家亲戚做了大老板……在比较之中，对现实的不满又增加了不少。然而，这些比较除了会让你心态失衡、徒增压力外，并不能给你带来任何好处。

　　或许，你明白了如果想要赶上他人的成功，需要加倍的努力。于是，你不停地学习，不停地去实践，不停地寻找捷径，渴望有所成的那天尽快到来。但成功并不能一蹴而就，当你发现身边越来越多的人已经成功，而只有自己仍进展缓慢之后，越发变得焦虑，为了加快走向成功的脚步，你开始提高速度，匆忙将一件事完成后，又立刻开始下一件。

你把自己忙飞了，甚至恨不得一天不止二十四小时。你忙了很久，然而令你费解的是，明明那么努力了，为什么到最后却依然一事无成？所做的一切，竟然都只是浪费时间。意识到这一点之后，你变得更加焦躁不安，甚至沮丧满怀。

常言道，"事业常成于坚忍，毁于急躁。"当一个人越是心浮气躁，越是想要一蹴而就时，生活往往越会与其唱反调。

大力从小便坚信"成名要趁早"。尤其是处于快节奏的当代，很多人都有一个明星梦，大力也不例外。舞台灯光下，万众目光中，一个舞台，就是一个小世界。大力非常向往这种被人瞩目的生活。才初中毕业，大力便不肯再上学，不顾家人的反对，坚持要开始他的梦想之路。

大力凭着自己帅气的外表，对表演的热爱，在全国各地奔波，参加了无数次表演活动后，获得了一些奖项，但显然，这样的小成功与他的明星梦还是有很大的距离。他还没实现理想，却已经花光了家人给他的费用。家人不肯再给他提供资金，并想以此威胁大力，让他重回学校学习，奈何大力根本听不进家人的劝说，并表示没有做出一番大事业就不回家。

失去家人的金钱资助，大力来到横店当群演，一边赚取生活费一边磨炼自己的表演实力，并寻找机会。一开始，大力对当群演充满了热情，期间也与一些大牌明星合作过，不过大力参演的都是些连台词也没有、镜头一闪而过的角色。

再往后，大力的角色开始有了一两句简单的台词，不过仍然是混在一大堆群演中。久而久之，大力的群演之路似乎被定格了，再没有惊喜与进步。不到两年，大力的群演热情也快被消磨殆尽，如今的他，只得依靠群演的微薄收入来维持生计。

他还有明星梦，他还想要成为荧幕前那个光鲜亮丽的人物，只不过，他不知道现在的自己要怎样做才能实现梦想。最终因为无法承受在外做群演的辛苦，大力选择了放弃追寻梦想，回到了家乡。但这两年的经历，让他总有一种高人一等的感觉，他觉得自己已经见识过了外面世界的精彩，不应该困于这个小城市。他无法安心回到学校学习，也不愿意参加工作，整日就是待在家里看电视剧，梦想有朝一日也可以成为明星。

浮躁的风气，激发了人的贪婪。当一个人遇事便想找寻捷径，却不甘吃苦，甚至认不清自己的能力时，他最终所得到的，往往会与其想要的背道而驰。大力一心想要成为明星，但却不能沉下心来，为这个梦想坚持努力到底，当遇到一点困难时，就先想到了放弃，到头来只能落得个失败的下场。

每个人都想要成功，实现自己的价值，完成自己的梦想。但真正成功的人，永远是那些不懈努力者，因为他们曾为了自己的梦想，拼尽了全力。只有当你认清自己，并肯为了自己的梦想不懈努力时，实现你的个人价值，那不过就是时间问题了。而在我们不懈努力，实现自我价值的过程中，应该首先做到：

（一）制定合理的目标
梦想合乎实际便是可实现的理想，不合乎实际那就是幻想。

结合自己的实际情况，制定合理的目标，然后付诸行动，定能实现自己的理想。要制定合理的目标，需要考量个人各方面的素养，依个人综合能力来定。

（二）充实自己，提高自己，并不懈努力

要知道，没有人能够随随便便成功。每一次有所收获，都不会是凭空而来的。有自己的人生追求是正确的，而在实现追求的过程中，最重要的是对于自身素养与才能的培养与提高。无论在任何行业中，不断提升自身的专业素质都是必要的。

（三）学会自省，遵从内心而非外界

开始一段征程后，便要适时停下脚步来反省走过的路，思考是否需要调整自己的方向。放弃或坚持，应依据于自身情况，而非他人的评判。留一定时间来反思与总结，方能更好地重新开始。

不盲目于看似光鲜靓丽的职业，不盲从于一夜暴富的人生追求。在快节奏的社会，找准自己的定位，不急躁、不浮躁，一步一步朝着自己的目标迈进，终究可以实现自己的理想。

五、冲动，只会让你后悔莫及

日常生活中，人们难免会有冲动的时刻。作为一种生理本能，冲动与大脑深处的杏仁核息息相关。冲动是一种常见的情绪，"冲动是魔鬼"，人在冲动的情况下所做出来的事情，往往是不理智的，而它所带来的后果也常常让人追悔莫及。

冲动具有突发性，一旦他人的言行冲击到你，你的情绪便会由此波动，甚至因此而采取一些行动。学会调控自己的情绪，是人生的必修课，尽管冲动这种情绪很难掌控，却还是需要我们为之努力。

平稳的情绪有利于人的生活，但一个人不可能总是处于良好的情绪之中。有冷静从容，便会有冲动急躁。不论是在平时生活中，还是在职场中，抑或某些重大场合，在某些因素的刺激下，即使是一个平日里十分稳重的人，也可能会突然变得冲动起来。然而，冲动所带来的后果却是无法预料的。

其实，现实中很多悲剧的发生，都是由一些小事所引发，最终在冲动这个导火索的引导下，造成了不可预估的后果。冲动导致的破坏性是极大的，它所带来的负面影响远超过人们的预想，这也是现实生活中不时有小事酿成巨大悲剧的关键所在。而这些所谓的意外，实际上本是可以避免的。

结婚前，是花前月下的爱情，结婚后，是柴米油盐的日子。对于这点爱情感悟，小艾是深有体会的。在嫁给丈夫之前，小艾可谓是处于一人吃饱，全家不饿的状态。作为小公司的白领，小艾工资不算太高，但工作时间稳定，且有双休。

在结婚之前，小艾除了上班，平时有较多的空余时间，在这些悠闲的时间里，她跟朋友逛街、看电影，宅在家刷剧、看书，外出学插花、做公益，日子过得充实且愉悦。

有了男朋友后，小艾的生活与之前的相比并没有太多区别，有些活动不过是由一个人参加变成两个人。两人没有交往太长时间，陷入爱情之中的小艾被男朋友的浪漫言行打动，很快答应了男朋友的求婚，不久后两人结婚。

也许由于相处的时间不够长，两人对彼此的了解不够，才结婚不久，便有了小摩擦。在相处中，小艾发现丈夫在言语方面过于冲动，时常出口伤人，小艾不无难过。事后，为了更好经营婚姻，小艾特意查阅了相关的情感指导书籍，并主动与丈夫沟通，让他对自己的失控情绪有个了解并加以控制。小艾相信，只要过了磨合期，相处就会变得和谐。

快到年底，公司的事情比平常要繁忙些。这天，加班到很晚的小艾回到家，在厨房没有看到热好的饭菜，只在卧室找到了原本答应热饭却痴迷于游戏之中的丈夫。小艾当场发火，丈夫因为玩游戏被打扰心情也不好，两人于是大吵了起来。

事后，待两人冷静，丈夫主动向小艾认错并保证不会再犯同样的错误，小艾原谅了他。只是很快，丈夫便又出现了同样的状况。小艾不肯轻易原谅他，并表示要去朋友家暂住让双方冷静下，丈夫坚决不同意，最终恼羞成怒打了小艾一巴掌。对丈夫的行为小艾简直不敢相信，脸颊的火辣疼痛却告诉了她这个残忍的真相。小艾知道，自己与丈夫的缘分就到此刻了。

在日常生活中，夫妻因小事而争吵，甚至大动干戈，最终以离婚收场的闹剧时有发生；乘客因错过站而迁怒司机，更甚者与司机拉扯，最终导致车祸的新闻时而有之；婆媳的相处作为千古一大难题，并未随着时代的快速发展而得到解决，婆媳冲动行事，导致家庭不和的情况并不少见。

冲动的瞬间发泄了情绪，却可能导致无法挽回的后果。思想成熟的人，能掌控自己的情绪，从而更好地处理各种关系，在家庭、事业当中获得成功。

成熟是成功人士必须具备的素质，而判定一个人是否成熟，对自己情绪的掌控是关键所在。情绪反应是一个人的正常心理活动，而情绪控制并非天生所具有的能力。婴儿只会以哭闹的方式来表达自己的不满情绪，成年人在后天的学习中，懂得了很多知识，却未必能很好地掌控自己的情绪，尤其是遇事容易冲动的人。

快节奏的时代，成年人背负的压力更大，情绪更易不稳，这就更需要掌握控制情绪的方法。

（一）适时沉默，冷静自我

很多时候，语言并非解决问题的最好办法，相反，"沉默是金"。在受刺激时，如能以沉默为回应方式，不让自己陷入冲动的局面，冷静过后再采取行动，不失为有效的做法。这样既不会扩大事态，又能寻找到更好的处理方式。

（二）及时转移注意力

一旦感觉情绪上头，便立刻转移自己的注意力，可离开情绪受激之地，也可尝试去做另一件容易实施的小事，比如喝水、洗手，借此来避免争执状况的出现。

（三）培养耐性，减少冲动

阅读是最便利的培养耐性的方式，性子急的人平常可抽一定时间出来阅读，在书籍的选择上以修身养性这一类为主。还可以通过练字或绘画等方式来训练自己的耐心，减少自己遇事便急躁的毛病。

冲动是一种让人倍感无力的情绪，它的破坏性不可估量。与他人相处多一些理性，少一些冲动，甚至能在冲动时刻做到言行慢一拍，不失为一种明智之举。

六、忍让，是一种难得的气度

　　忍让是一种可以选择的情绪。脾气暴躁的人，习惯于直接发泄情绪，没有丝毫的克制。这样导致的后果，一方面可能给自己带来麻烦，另一方面还会波及身边人。相较而言，懂得忍让的人，则更容易被接受，也更容易被人喜欢。

　　忍让，体现了一个人的内在修养。在家庭中，夫妻的相互容忍无疑有助于夫妻间的和谐。在与人交往中，如果出现了争吵，那么懂得忍让的人，也更容易获得真诚的友谊。

　　现实生活中，本来友好的双方，因为一点小问题而出现龃龉，最终导致关系僵化或破裂的不在少数。可这样做真的值得吗？

　　事实上，等到双方都冷静下来再去思考曾经争执的那件事时，未免感到伤怀，叹一声何必。这个时候，若是双方中哪怕一方是懂得忍让的人，也就不会出现这样无法挽回的后果。

　　然而，现实中的大多数人都不懂忍让。因为一提到忍，很多人首先想到便是软弱，尤其是在强调个性发展的今天。其实，忍让并不代表无条件接受任何人或事。忍让是有原则与限度的，一味地忍让不是一种良好的心理，不但不利于改善人际关系，还可能导致自身的压抑。

　　忍让是对人且对事的，遇事能从大局出发，不苛求于小是小非，不过于计较个人得失，这样的忍让是一种宽容与坚韧，更需要勇气。

身处竞争激烈的大环境下，对于更强调高效率，且更注重结果而非过程的当下，似乎忍让的一方是弱者，是输家，处于被动地位。其实，"忍不是弱者，让不是输家"，忍让，是一种暂时的后退，是为了笑到最后。处于错综复杂的竞争环境，退一步不意味着认输，而是体现了一种克制，一种理智，散发着人格的魅力。

懂得忍让的人，更懂得把握时机，不随性而为。一旦找准机会，便可一击即中。

在赵丽颖主演的《知否知否应是绿肥红瘦》中，盛府的大娘子可算是又蠢又刚，由于娘家家世显赫，她从小过得恣意随性。

在剧中一开始争斗最狠的就属盛家的大娘子与林小娘，这两个人互相看不顺眼，大娘子是正室，权力大，但她的缺点很明显，脾气急躁，快言快语，怼天怼地，心无城府，神经大条，经常会被人算计，算得上又蠢又萌。林小娘的性格与大娘子恰恰相反，喜欢用苦肉计，同时谋虑多，总在主君面前装可怜、装柔弱。

每次发生冲突，大娘子只会一门心思揪住林小娘的错处争个对错输赢，往往又不懂迂回，直来直去，这样一来不但不能抓住对方的把柄，还会让主君下不来台。林小娘的眼泪是一种示弱，楚楚可怜的她让盛府老爷心生怜惜，即使犯下大错也大事化无。因此在每次争斗中，大娘子都反而被林小娘压制一头。门第颇高的大娘子，尚且因一时口舌之快而吃亏，何况我们普通人呢？

初入职场的悦悦，与大娘子的遭遇一模一样。一个公司里总有人积极努力工作，也有人偷奸耍滑。在一次出差安排中，同事对悦悦的工作安排颇为不满，于是私下找到领导哭诉，原因也说得相当直白：不是自己不愿意出差，而是出差地方太偏远，身体受不了。

虽然这个理由能让人看出她对工作的挑三拣四，态度不端，但任何一个人都架不住两行楚楚可怜的眼泪。于是领导只好找来悦悦谈话。悦悦对于自己的公平公正十分自信，因此在领导还没说完他的想法时，悦悦便开始与之争辩：我的安排没问题，同事是来工作的而不是来享受的。如果人人都挑三拣四，那工作将无法开展。

很显然，悦悦的做法并不对。因为在工作中，沟通是需要讲究方法的。如何用令对方舒服的语言表达出自己的看法才是最重要的。悦悦的这一顿夹枪带炮的语言，不但得罪了领导，也使得自己和同事之间的关系更为僵化。

而且，在工作中，最重要的不是争个输赢对错，而是解决问题，完成任务。显然此时的悦悦没能领悟这一道理，即便同事有错，悦悦也不应该情绪爆炸，言语过于犀利。一顿抢白之后，并没有达到悦悦想要的结果，反而引起了上司的不满，继而让同事如愿以偿。

在连续吃了几次哑巴亏之后，悦悦终于学聪明了，在申辩之前，首先学会了忍耐，控制自己的脾气，然后再通过一种合适的沟通方式表达出自己的想法，并以解决问题为最终目的，而非只为解自己一时之气。

古人常言：忍字头上一把刀，将"忍"字拆分为"刃在心上"，一把刀架在心头之上，倘若将心向上顶，便会为刃所伤，心伤则人死。但是又不能将刃搬开，那就只能忍让。

懂得忍让的人，是善于控制自己的人，能够做自己脾气的主人；懂得忍让的人，一般不会与人争吵，能够平和待人；懂得忍让的人，即使与他人激辩，也能够适时保持理性，克制冲动。当然，忍让之人，不代表没有性格，没有脾气，选择退让，体现的是一种涵养和智慧。要做到忍耐与退让，你需要：

（一）懂得换位思考

每个人都有自己的利益，一个懂得换位思考的人，不会是自私的人。一件事从不同的角度来看，能得出不同的结果，多方面思考问题，可提高个人的容忍度与接纳度，能以同理心来更好解决问题。

（二）识时务，不逞强

逞强，不是坚强，也不是本领高、能力强的表现。争强好胜，不懂得谦让的人，内心不够强大。懂得何时何事坚持、何时何事退让，才是一个收放自如的人。

懂得适时退让，于这个人心浮躁的社会，是一种难得的品质。在这个强调"快"的时代，能够做到隐忍，不失为一种以退为进的智慧。

七、自制力，优秀人生的标配

在日常生活中，很多时候我们都是说得很多，但做成功的却很少，计划定了很多，但真正付诸行动的又很少。之所以会出现这样的情况，就是因为我们缺乏自制力。一个人如果能够控制自己的情绪和行动，无疑是一个有着很强自制力的人。而强自制力，自然有利于帮助我们更好地完成目标，实现人生理想。

那些自制力强的人，在行动之前会对事情做出预判，并对未来将要面对的困难做好心理准备。他们会时刻告诉自己，无论未来遇到什么困难，都不能随便放弃。他们从来不会在困难面前低头，或选择半途而废。

自制力强的人，能够不畏艰辛。敢于直面惨淡人生的他们，更具有责任心。不论现实是否如意，他们都能够坚持自己，充实自己，并清楚地知道自己想要的是什么，同时敢于付出，最终达成自己的目标。

随着时代的发展，"奶爸"成为一个新的词汇。在过去，一般家庭的分工模式大多是"男主外，女主内"。而如今家庭的分工已经有了些许变化，女性越来越注重自己的事业发展，职业女性而非家庭主妇成为更多妻子们的选择。在女性选择偏向自己事业的同时，一些男性，选择回归家庭，更甚者，则选择做一名全职爸爸或者"奶爸"。

在讲究男女平等的当今社会，一个家庭中的事务是没有轻重之分的，也没有规定哪项家务应该由谁负责。可能妻子更喜欢在外面打拼事业，也许丈夫更习惯在家里照料孩子，或者两人都有自己的事业，且共同承担家务。无论是哪一种方式，都无可厚非。

一直在外打拼的张志，习惯全身心投入于工作之中，事业也小有成就。爱他的妻子为了更好照顾家庭，选择在家当全职太太。不论是对张志还是对他太太来说，两人都对自己目前的状态很满意。只是天有不测风云，张志的妻子在一次车祸中陷入昏迷，成为植物人，医生也不知道她什么时候会醒来。妻子躺在医院不省人事，两人的孩子尚小，张志只得辞掉自己的工作，一边照料孩子，一边照顾妻子。

肇事司机赔偿了张志妻子一笔医疗费用，且张志也存有一些钱。在他没有工作的这段时间里，这些钱能够支撑他生活一段时间。每天张志需要给孩子做饭，送他去上学，之后去医院照料妻子，给她擦身、按摩、做推拿等，重复有助于妻子康复的行动。下午张志需要去接放学的孩子回家，并辅导孩子把作业写完。父子俩吃完饭，张志简单收拾了家里，帮孩子洗漱后，让他先去睡觉，然后自己又会去医院照料妻子。

张志很快适应了这种琐碎又繁忙的生活，成为名副其实的"奶爸"。在张志的悉心照料下，不到半年，妻子的身体状况有了明显好转，最终成功苏醒过来。只是，没能完全康复的妻子，依然需要在床上躺着休养。张志依旧操劳着一切，幸运的是，他现在能够和妻子聊聊天，解解乏，也算是这一段艰难日子里的安慰。

张志辞职时公司人员并不知道张志的情况，一次偶然的机会，公司的领导了解到张志目前的情况，于是发动全体员工给张志捐款。对于领导与同事的关怀张志是感激的，但他拒绝了公司的捐款。

的确，在这段治疗期间，妻子每天都需要花费金钱治疗，张志又没有工作收入，孩子的花销也不少。但是，张志却没有让自己一直处于困境之中。让以前同事没有想到的是，张志在这段忙碌的时间里，虽然劳累，但他还是做到了每天学习。不能去公司上班，张志便在网络上开发了一款 APP。

虽然张志本科所学的专业与软件设计没有太大关系，但在现实所迫下，张志只能在网上工作。于是，张志想到了开发 APP。从自学到实践的成功，张志所用的时间不到一年。而这一年，实则是张志最艰辛的一年，但他却做到了以最好的状态面对这一切。这个项目之前只是在网络上有小的应用，张志已有所受益，如今他以前的老板知道了他的这个项目，决定要与张志合作，张志也答应了，之后项目的收益颇丰。

知晓张志这段经历的同事无一不佩服张志强大的自制力与责任心，毕竟既要照顾妻子，又要照顾孩子，还要自学开发软件。如果不是有非凡的自制力与毅力，是很难做好这一切的，张志却做到了，无疑让人敬佩。

做行动的主人，才能做自己的主人。一个懂得控制自己的人，既可以克制自己的欲望，又会为自己的理想拼尽全力。不被烦琐小事干扰，不被意外或者困难吓倒，像张志般，善于计划，也善于掌控自己，他的人生，注定是优秀的。

现实生活中不乏这种人，想要在这个快速发展的社会干出一番大事，有所成就，但实际上，需要学习的时候，他们放不下手里玩游戏的手机；需要锻炼时，却克制不了想睡觉的惰性。在他们看来，他们为自己的理想付出了很多时间与精力，最终却没能达到目标，是天不遂人愿。

他们没有看到的是，自己的时间与精力，其实都花费在纠结理想与惰性的矛盾与挣扎之中，他们一边感叹时光易逝，一边沉迷玩乐；一边说着要努力，一边因困难而退缩，如此怎能实现自己的目标？

每个人都会有自己的心愿，却并非每个人都能够实现理想。而在追求理想的过程中，自制力起到关键的作用。其实，一个人的自制力并非天生具备，而是可以后天培养的。要获得好的自制力，你可以做到以下几方面。

（一）明确目标，集中精力

有了清晰明确的目标，才能更好地行动起来。犹豫不决是目标实现的阻碍因素，一旦制定了目标，就需要尽快行动起来。在制定个人目标时，做到一目标、一计划，待集中精力实现目标之后，再思索下一步，方能不浪费时光。

（二）对自己"狠"一点，从小事训练

自制力的培养与应用可从思维与行为两个方面来着手，学会控制自己的欲望，克服惰性或弱点。从日常的点滴小事实践，可从提前半个小时起床、每天坚持阅读一定量的书籍等来逐步提高个人的自控能力。这个过程必然是不易的，但坚持后的结果是有收获的，对自己"狠"一点，实则是对自己更负责一点。

（三）不夸大困难，平和心态

人类没有先知的能力，但人生难免会有意外发生。不论遇到何种困难，应该以一种平和的心态来看待和处理问题。遇到困难，不可有畏惧心理，任由自己空想并夸大问题；相反，可心理暗示自己，凭自己的能力可以解决问题。同时积极尝试，更有利于问题的解决。在解决难题的过程中，也训练了自己的自控能力。

自制力与行动力是相应的，行动力与成功率是成正比的，控制得了自己的一言一行，才创造得了自己的人生。

八、好心态，方能遇事不慌

"心态崩了"成了现今很多人的口头禅。随着生活节奏的加快，社会压力越来越大，个人也变得越发急躁。没有良好的心态，似乎事事都不那么顺利。一个人长期在这种心态的影响下，遇到难事，便习惯性消极对待，一旦遇到问题，首先想到的不是努力尝试解决，而是先说"我不会""我不行"；不喜欢生活中的挑战与变革，贪图因循守旧的"安逸"，最终落后于他人；遭遇挫折时，会任由自己的沮丧心情无限放大，最后导致自己跌入深渊。

大多数时候，成年人在遇到压力的时候，首先想到的不是如何发泄与释放，而是怎么压抑自己。他们一边渴望轻松的生活，一边却又因为现实而不得不为了家庭、事业而忙碌挣扎。在这样的心态下，处理各种事情也不能顺心顺意，结果反而陷入恶性循环。

心态差在家庭生活中不利于家的和睦安宁，在职场中易给领导与同事留下心浮气躁的印象，在败坏自己的身心健康的同时，也降低了生活质量。

平和的心态，需要我们有意识地去训练。面对浮躁的社会，保持好心态，对于婚姻家庭的经营是必不可少的。在事业中，心态好则事业兴。拥有好心态的老年人，越活越年轻；年轻却心态失衡的人，总让人感觉丧气满怀。只有懂得调整好心态的人，才能更好地活出自我。

刘达与刘顺是两兄弟，刘达是老大，刘顺是老二。两兄弟虽然从小一起长大，却是两种不同的性子。刘达遇事不易冷静，常常自怨自艾，刘顺则刚刚相反，遇到问题尽力去解决，碰到不好的事也不会消极对待。两兄弟同在一家公司上班，老大先进公司，老二后进公司。两人同从基层做起，但刘顺很快升职了，刘达却多年来一直处于原位置。刘达自认为自己情商高于刘顺，逢年过节他会主动问候领导，平日里同事有什么需要他也不会拒绝。

每当刘达在刘顺面前抱怨公司的不公平对待时，刘顺没有多说什么，只是笑着安慰大哥。在刘顺升职成为刘达的直接上司后，刘达终于忍不住了，他去找领导理论。领导表示体谅刘达的处境，商议后决定给他一个提升的机会，前提是要刘达完成公司的一个项目。在刘达答应公司的要求后，他又开始后悔了。他觉得自己并不能完成此项目，尽管项目是契合他的专业的。刘达向刘顺抱怨，刘顺表示自己可以协助他，好面子的刘达拒绝了弟弟的好意。

自从接了项目，刘达并没有为项目完成后可以升职而行动力十足，反而整个人处于沮丧的状态。刘达知道自己需要这个机会来证明自己，可他还是觉得自己不能胜任。在弟弟的鼓励下，刘达才开始了策划。只是，刘达并没有一鼓作气积极完成任务，而是陷入拖沓中。在快要接近项目截止日期时，刘达觉得自己要崩溃了。他想到了领导得知自己未能完成任务后的失望，也料到了同事对自己无能的取笑，越是这般想，刘达越觉得自己完成不了任务。终于，刘达的心态崩溃了，日夜忧思的他也病倒了。

在刘达病倒后，刘顺主动接过了项目，经过熬夜加班，最终圆满完成项目。而未能完成任务的刘达不得不接受自己的职位不变。

其实，刘达的能力是可以的，只是，刘达在工作中太过在意他人的看法，不论是领导的还是同事的，无疑会束缚他的手脚，他人的言行亦会轻易影响到刘达的心态。领导以及刘顺早看出了他的这个缺点，刘顺也曾尝试过让他加强心态训练，刘达根本就不理会。不良心态直接导致了刘达对自己能力的不信任，升职加薪也无望。刘顺的表现则刚好与之相反。

学会欣赏自己，如刘顺般真诚与踏实，自然心境明朗，活得自然与自在。最能左右一个人心境的，应该是自己而非旁人，如此方能保持好心态。如果已经发生的事情注定无法挽回，那就需要思考如何弥补错误抑或重新开始，方能心平气和做自己。对于如何调控自己，让自己保持好心态，你可以这样做。

（一）提升抗压能力

要拥有好心态，抗压能力是必须具备的个人素养，尤其是处于日新月异的当代。抗压能力的提升要从心理与行为两方面来训练，以此达到过硬的心理素质。具体而言，可以通过阅读心理学相关书籍来更进一步了解自己，找到自己的弱点，继而有意识地去克服。同时，可以挑战一些极限运动，锻炼个人的抗压能力。

（二）杜绝消极思维，保持积极心态

一个人一旦习惯性从消极方面来看待事情，将无法坦然面对生活或工作中的挑战与挫折，更甚者将沉迷于过往的失败而无法逃离，更不可能看到美好未来的希望而为之努力。相反，如果一个人以积极的心态面对生活，热爱身边的一切，懂得感恩，时常心怀必胜的念头，多跟他人交流与向他人请教，即使处于绝境，也能看到亮光。

时代在变，不沉迷于悔不当初的过往，不幻想于变幻莫测的未来，保持清醒的头脑、良好的心态，踏实走好每一步，虽慢行仍能到达目的地。

九、耐心做人与处事，清风自来

一个能够耐心做人，耐心做事的人，也会是一个耐心生活的人。而能够耐心生活的人，必然知道什么时候该向前，什么时候该后退，能够做到进退合理。现代人习惯匆忙行事，怕耽误时间，怕浪费精力。于是，不再留恋沿途的风光，不再细听风声雨声，不再在意内心深处的刹那感怀。如此，便也失去耐心去感受生活中的点滴美好。

拥有耐心，才能从容一生，且耐心与一个人的脾性是有密切关系的。有耐心的人，对他人也会更有包容心，能够包容身边人的小脾气，包容身边人的缺点，给他们改过自新的机会。相反，缺乏耐心的人，通常也会缺乏度量，容易因小事便攻击身边人，其生活也不会太安宁。实际上，做不到耐心处事的人，也是一种低情商的体现，不论在生活中还是在工作中，都不易获得他人的好感与尊重。

年近四十的阿峰，按理说应该事业有成，家庭圆满。但是阿峰偏偏除了年龄越来越大外，其他事情都越来越不顺。年前，阿峰的老婆跟他提出离婚，且态度坚决，没有缓和的余地，理由是阿峰脾气太急躁，十几年的夫妻生活中没有给过老婆一丝柔情。

于是，阿峰成了中年离异男人。

回忆起这些年的婚姻生活，阿峰不得不承认自己是过错方。他脾气急，下班后饭菜做得慢一点，就开始对老婆发脾气，此时的他从来想不起来有工作的不只他一个人，老婆也是要上班的。在子女教育问题上，女儿成绩提升慢，阿峰便对女儿指责，着急起来连着老婆一起骂，这时的他也不会想到学习不是一天两天就能出效果的事情，是急不来的。

冰冻三尺非一日之寒，屡说不改的阿峰让老婆寒了心，老婆带着女儿头也不回地离开了他。祸不单行，感情上失意，工作上阿峰也不顺，他被公司解雇了。阿峰是公司的老员工，领导做出解雇他的决定也是思虑良久。虽然阿峰资历老，做事积极，但是却不能独当一面。阿峰既没有新员工的朝气蓬勃，个人能力又决定了他不能被提到管理层，加之情感失意的阿峰在工作方面越发消极，领导最终只能解雇他。

但为什么阿峰在公司工作多年仍旧不能独当一面呢？这主要在于阿峰的急躁性格。每一次与客户接触，阿峰总是急于求成，耐不住性子，最后落入别人的圈套里。在与同事的相处中，阿峰也不善于处理人际关系，经常因为冲动而说出让人难堪的话语，导致同事们都难与他交心。在专业能力方面，阿峰不是不懂如何操作，但就是经常在一些小细节上出错。每次方案制作时，阿峰都没有耐心一一认真检查，最终导致结果不圆满。

做不到耐心处事的阿峰，最终被讲究效率的公司所淘汰。其实，阿峰被离职是有一些迹象的，只是急躁的阿峰从未领悟到并有所避免。所以，临近40岁的阿峰成了一个离异又失业的中年男人。阿峰是不幸的，快四十了还被性格问题困扰。在之后的日子里，如果阿峰做不到把步调放慢一些，性格柔和一些，温柔地对待生活中的事情，他将难以走出困窘的境地。

不管遇到什么事情，焦躁和哭泣是一样的，只能宣泄你的情绪，并不能起到什么实际作用。与其着急上火，不如积极寻求解决办法。而要想获得良好的解决问题的方法，首先便需要培养个人的耐心，如此才可以遇事不慌，与他人和谐相处。

（一）适当长跑，增强耐力与耐心

每个人都会有脾气，也会有冲动的时刻，这就需要我们在平常生活中训练自己控制情绪的能力。可通过长跑等形式增强自己的耐力与耐心，如此便可让自己迅速冷静下来，不冲动行事。

（二）学会独处，聆听自我

于安静之地独处，继而感受内心的真实情感，能很好培养一个人的耐心。冥想，在最放松的状态，片刻忘却现实生活中的繁杂琐事，提升自我的心理调整能力。

只有拥有足够的耐心，才能体会生活的细微之处，感悟生命的美好。

第二章

说话前多思考，让"言值"配得上你的优雅

　　"会说话"是有效沟通的保障，处于竞争激烈的当代社会与快节奏的生活环境，"好好说话"更成为个人赢得机遇的有力武器。通过言语来表达说话者的需求与渴望，是人的一种本能，但并非所有人都能够得体地与他人沟通。急切地想要表达自己，说话不经大脑，甚至口无遮拦的人不在少数。

　　说话前做不到多多思考的人，说错话的概率极大，而其导致的结果，通常是糟糕的，很可能会影响自己的生活质量与事业发展。好好说话，慢慢说话，三思而后言，方能更好发挥言语的力量，让"言值"配得上自己的优雅。

一、三思而后言，谨言慎行

言论是我们的第二张面孔，一个人的说话方式，体现了此人多方面的特征，比如性格、素养。说话频率快的人，一般性格较为急躁，遇事不够冷静，易冲动。当然，快言的人通常会表现得更为直率，直接表述自己所想，遇事不拖拉，处理事情效率更高。而说话频率慢的人，性格相对稳重，遇事沉稳，不易冲动，但也可能会出现处事不够果断和拖沓的问题。

无论是快言还是慢言，最重要的都应该是将想要表达的内容说明白，并且能够让听者听懂。然而，我们偶尔会遇到这样的情况：自己明明想要说的是 A 含义，但却被对方理解成了 B 含义，内容被曲解了，由此而导致两个人的关系变僵。

究其原因，正是我们在说话之前，未能想到可能会因为自己的言论而带来的影响，未能做到三思而后言，甚至想到了什么就说了什么，说者无意、听者有心，最后被对方曲解我们所想要表达的本意。

由此可见，谨言慎行，发言前先仔细思考，过滤掉可能会引起误解的内容有多么重要。

一个能够对自己言语负责的人，会更注重自己言语的分寸，于行为方面，也会多一份谨慎。

医生是一个伟大的职业。救死扶伤是医生的天职，作为一名医生，他的言行会影响到病人，而与病人的有效沟通是医生了解并治愈病人的有利因素。在这一行业中，语言起到了关键性的作用。

陈杰是一名外科医生，从一名实习生到成为正式的医护人员，多年的实践经验，让陈杰深刻认识到能够与病人及其家属良好沟通，对于救治工作的顺利开展是极为重要的。而在这一沟通中，语言是关键点。不论是对病人还是家属，陈杰总能做到谨言慎行，有什么事慢慢地说，并简练、清楚地表达出自己的意思。陈杰言语中所透露出的冷静与自信，不但可以安抚病人担忧的情绪，同时还可以稳定病人家属的急躁情绪。

每当看到医护实习生或者刚入职不久的医护人员，在与病人或病人家属的交流沟通中表现得急躁，甚至说话很冲时，陈杰便会给予他们自己的经验，告诫他们一方面要稳定自己的情绪，保持说话的清晰与条理性，用简洁的语言告知病人及病人家属相关的信息；另一方面，作为一名合格的医护人员，需要具有极大的耐心与同理心来对待病人及其家属。

在工作中遇到心急或者崩溃，甚至是蛮不讲理的病人与家属，都是极为常见的。这时，就需要医护人员与他们取得有效的沟通，发挥语言的积极作用。如果医护人员一遇到难题便焦躁不安，说话语无伦次，甚至对病人或家属的语言冒犯选择怼回去，难免会影响到救治工作的顺利开展。

在一些重大会议中，能力得到大家认可的陈杰并没有锋芒毕露。每当要他发表意见时，陈杰总是会保持着谨慎言论的习惯。而他对医学的这种谨慎与谦逊态度，也让他获得了同事与上级的高度评价与认可。

陈杰深刻懂得要成为一名良医，除了专业能力过硬，有效的沟通亦是必不可少的素养。不出几年，陈杰便成为一名主治医生，在医院具有了举足轻重的地位，同时也得到外界的一致好评。

每个人都有言论自由权，但聪慧的人会对自己所要道出的言语有所选择与保留。一股脑道出所感所想，在很多时候并不会获得他人的好感。

言语是正常人所具有的一项基本能力，尽管如此，却并非每个人都知道如何说话，换句话说，并非每个人都懂得如何进行有效的交流。说话是一门艺术，懂得说话的技巧，对改善与提高个人的人际关系非常有利。若想提高自己的说话技巧，避免因为言语失误而得罪他人，你可以做到以下几方面。

（一）言语比思维慢一步

办事要快，说话要缓。说话前先思考一遍你想要说的话是否恰当，尤其是在冲动的情况下，三思而后言更是一种明智的选择。祸从口出不是没有道理的，让言语比思维慢一步，很多时候能够避免说出不理智的言论，避免惹祸上身，得罪他人。

（二）重要的事情慢慢说

不论是急切的事，还是非常重要的事，都尽量慢慢道来。慢慢说话，既可以给人一种稳重感，又能够更为清晰地将事情分享给他人，从而达到良好沟通的效果。

　　不论是医生、教师，还是销售等行业，言语在其中起到的作用是极为重要的。注重个人的言语交流，提高个人的语言素质，有利于个人事业的顺利与前途的发展。

二、语速的快与慢，是一门艺术

语言在日常生活中扮演着重要的角色，而语速的快慢，在语言功能的发挥中则起到重要作用。从心理学角度来看，语速，是指对发音频率产生震动的心理感受。无疑，语速的快与慢，与一个人的心理状态是相关的。

一般情况下，语速或快或慢，只要在能正确表达含义的前提下，对我们的日常交流影响不大。但若放到职场中，当你与某些重要的人物交谈时，过快或过慢的语速都会影响这场交谈的质量与感受，而这样的结果很可能会对最终谈判的成败起关键性的作用。

语言，不但是人与人之间口头上的交流，也是一种思想上的交流。一个人语速的快慢，反映了个人的性格与知识储备。在重大场合或者与重要的人交流过程中，能够有意识地调节与控制自己的语速，吐字清晰，语言逻辑性强的人，自然可以在职场上如鱼得水，易于实现自己的目标。但在实际生活中，不乏习惯滔滔不绝的职场人士，而这样一种"能说会道"，反而会给他们带来一些麻烦。

语速快慢的选择，不失为一门艺术。在重要场合，以合适的语速来交谈，更易获得良好的沟通效果。

作为一名播音员，掌控得了语速的快慢是基本的职业素养，而要成为一名优秀的播音员，更需要懂得说话的恰当节奏。张伟是一名优秀的播音员，他主播的情感类节目，深受广大听众的欢迎，而他本人也获得了众多荣誉。

　　在一次采访会议上，张伟接受了众多新人主播的请教。当谈论起自己的经验时，张伟说，其实他并没有像大家所想的那样，在播音方面是一个极具天赋的人。相反，他在这方面不但没有天赋，而且花费的精力还比一般人要多很多。张伟的谈话内容激起了大家的兴趣，在众人的殷切目光下，张伟谈起了他走上这条路的艰辛过程。

　　听广播长大的张伟，从小便喜欢播音类节目，在他高考过后填报志愿时，毅然选择了播音专业。遗憾的是，他在这方面并没有什么优势，尽管吐字清晰，但他不善言辞，而且说话语速要么过快要么过慢。对于普通人来讲，语速的快与慢，对平常的交流没有太大的影响，但是作为一名专业的播音员，语速是影响播音质量的一个重要因素。在整个大学期间，因为知道自己的缺点，张伟从一开始便有意识地进行了这方面的训练。

　　除了看书充电，他为了训练自己的说话能力还特意去兼职做销售方面的工作，并主动向销售界成功人士请教经验。对方告诉他，"作为一名销售人员，你必须要说服你的顾客，让其信任你。可以说，这一行业对个人说话的内容、语速等方面都有很高的要求。"

　　张伟一开始并不能很好地与客户交流。为了成功推销产品，在无意识之间，张伟习惯一股脑地说很多，而且说得很快。另一方面，由于他有一些紧张，不够自信的言语常常让客户听得不耐烦，更谈不上给客户提供很好的服务。

在多次失败后，张伟开始对自己的说话有了针对性的训练。他每天会抽出一定的时间，对着镜子自言自语，同时用录音笔把它录下来，之后一遍遍回放，看自己的语言有哪些需要改进的地方。

在针对自己说话过快这一方面，张伟强迫自己将语速慢下来。语速慢下来了，他就可以在说话的同时能够保持头脑的思考。当语言越来越铿锵有力，越来越详略得当，感情的抒发越来越明晰时，张伟明显感觉到了自己的进步，对自己的播音能力也越来越有信心。

大四的时候，张伟开始找工作。他的目标公司是国内有名的媒体公司。虽然他的播音素养有了很大的提高，但在面对众多的优秀竞争者时，张伟还是有些许的紧张，所以一开始的面试结果并不是很理想。

天道酬勤，张伟是始终相信这一点的。借鉴前面的语言训练经验，张伟重新开始了更有针对性的练习。他观摩并学习著名人士的播音节目，然后自己努力训练。最终张伟的能力得到了公司的肯定，他顺利进入了心仪的大公司，从事热爱的情感类播音主持工作。

一个人的语言，可以体现出他多方面的素养，而语速的快与慢，更是一个人内心状况的外在表露。恰当的语速，方能达到良好的交流效果。语速是可以通过训练来控制与掌握的，尤其是当语速过快时，你要学会让自己的语速慢下来。至于如何做到这点，可以参考下面的办法。

（一）合理控制语速与音量

说话如果太快，很容易让对方听得着急上火，沟通的目的也不易达到。在紧张或激动情况下，个人语速一般会加快，这时候就需要先控制自己的情绪，给自己冷静的缓冲时间。冷静后，再声调平缓地道出自己所想，既让对方听得明白，又不给对方压迫感，从而完成一次良好的交流。

（二）在日常生活中训练，学会倾听

语速过快，一方面暴露了自己的不稳重，另一方面极易打断对方的话语，给对方留下不好的印象。当一个人的语速过快时，其可在跟家人、朋友说话时有意识地控制语速。在交谈中，多倾听他人的讲话，以少言多思来达到减缓语速的目的。

正常人都会说话，但并非每个人都能够好好交流。在沟通过程中，掌握恰当的语速，能够更好发挥语言的信息交流作用。

三、慢条斯理，注重言语逻辑

一个人的说话方式与其性格相关，急性子的人说话习惯快言快语，而慢性子的人，其言论更趋稳重。这两种说话方式没有高低之分，但一个人如若懂得慢条斯理地说话，沟通效果将是良好的。

较于疾言的人，说话慢条斯理的人更能保证在交流过程中有时间来思考问题，理顺思路，继而确保能够向对方清楚表述自己的观点与想法，也能够保证言论的逻辑性。而一般说话不慌不忙，逻辑严密的人，其行动更具有计划性，工作也会更有效率。

现实中不乏这样一类人，尤其是一些地位较高的人，说话尤显稳重。说其稳重，主要体现在其所说的话思路清晰，逻辑性强，说服力强，让对方更易理解与接受。言语的慢条斯理更透露了其心智的成熟。

当然，慢条斯理，并不仅仅代表说话速度慢。这样一种慢，是有意识的慢，是个人对自己言论的理性控制。一个不注重言语逻辑的人，说话时极易出现磕巴或者思维"短路"的状况，因此要想实现良好沟通的目标，提高语言的思维性与逻辑性是必要的。

汪倩是一家培训公司的客服专员，每天的主要工作就是打电话。汪倩不是在给客户打电话推荐课程，就是在给新学员打电话安排授课相关事宜，偶尔还要给结课的老学员打电话联络联络感情以及推广新业务。一天的拨话量有几百个，汪倩常常说得唾沫横飞，口干舌燥。

刚开始，汪倩对这份工作完全不能适应，即使每天只有固定的两百个有效通话，汪倩也无法完成。即便她从早上一坐下就开始打电话，到下午六点同事们都走完了，汪倩还是不能按时完成任务。

在很长的一段时间里，汪倩对上班都有着巨大的恐惧，每一天想得最多的就是：我要离职。于是，汪倩来到公司，一看见电话座机就一副苦大仇深的表情。而在工作过程中如果遇到棘手的学员问题，汪倩更是消极抵触，只想逃避而非解决问题。如果不是迫于生存压力，汪倩早就转行了。

每次看到汪倩上完班便一脸疲惫，好心的同事只得安慰她：等你熟练了就会轻松很多。然而，日复一日，眼看汪倩都工作快一年了，相较于同事越来越轻松地完成工作，汪倩的状态可以说非常糟糕。不能按时完成任务，业务成绩也不好，汪倩的身心状况也越发差。到后来，汪倩几乎患上了失声症，一拿起电话便磕磕巴巴，做不到与客户有效交流。虽焦虑不安却找不到解决办法的汪倩极度沮丧。

拯救汪倩的是一次偶然的金牌客服交流会。会上主持人播放了金牌客服们的优秀录音片段，汪倩这才对自己的问题有了一个清晰的认识。录音片段中，客服们语调轻松自然，大多从一些日常小事开始，继而自然切入正题，且他们的语速快慢得当，言论逻辑性强，让人听起来很舒服。

对比自己，汪倩发现，为了完成任务，她总是把语速提到最快，继而像背书一样把推销内容念完，有时候学员根本反应不过来，更别说了解课程了。这种过快的语速，不利于两者有效交流，且会增加自身与学员之间的疏离感。一旦课程推销不出去，业绩也就不理想。还有一个明显的问题，汪倩在交流过程中语言逻辑性太差，想到什么便说什么，导致当客户询问汪倩究竟想说什么时，汪倩自己也说不清楚，客户便会对此次通话感到不耐烦。而汪倩越是着急，越容易表达不清，导致一些有意向的学员也需要反复询问，而这样反反复复的问答，耗时又耗力。

意识到问题后，汪倩开始逐步调整自己。渐渐地，汪倩发现自己能够基本完成任务了，并且业绩也在上升。在一次学员反馈中，汪倩还受到了点名表扬。这是之前的汪倩做梦也想不到的事。在之后的工作中，汪倩越发有自信，言语慢条斯理有逻辑，业绩也越来越好。

其实在绝大部分行业中，语言都起到重要的沟通作用。一个逻辑思维强的人，其语言流畅，前后照应，因此大多说服力强，能够自圆其说。可能有人会觉得一个人说话速度快，证明其思维敏捷，然而对于大多数人来说，只有将语速降下来，才能更好地思考问题。比如在辩论赛中，最有说服力的一方往往是说话稳重，不紧不慢，逻辑性强，所说的话毫无漏洞，让人无法辩驳的。相反语速过快的一方，很容易被对手抓住语言的漏洞而进行反驳。说话慢条斯理与训练语言的逻辑性是分不开的，也是可以学习的，你需要：

（一）罗列事情，记下要点

在日常生活中，要养成做笔记的习惯，迅速写下要点。可以记在一个本子上，也可以利用手机或电脑等电子产品。如此便可形成一种思维反射，在与他人交谈过程中便可以容易获取言语中的重点。

（二）控制语速，详略得当

语速过快的人，极有可能脱离自己思维的控制。放慢语速，一定程度上可以保持理性，并对要说出口的话有所取舍。

（三）学习逻辑学，训练说话能力

语言的流畅与思维的逻辑性是分不开的。一个人要想语言稳重、有说服力，可阅读逻辑学相关的书籍，提高自己的思维逻辑性，并将之运用到说话中，提高自己的语言表达能力。

磕磕巴巴的说话让人不喜，说个没完没了也会遭人厌烦。我们应该注重说话的逻辑，不慌不忙，在体现个人良好素养的同时完成愉快的交谈。

四、不吝啬你的赞美与鼓舞

赞美与鼓舞的话语，可以温暖人心，可以催人上进。每个人都是独一无二的，从心理学角度来说，每个人都有以"自我"为中心的趋向。因为注重"自我"，又身处群体之中，致使大多数人都希望能够得到他人的肯定与欣赏，并以此来满足个人的心理需求。因此，不论是家人、朋友，还是陌生人的一句赞美或鼓励，都可以起到一定的激励作用，引发被赞美之人的愉悦感，从而激发其积极性。

不吝啬自己的赞美之词，并适当表达出自己的欣赏，有利于双方关系的增进。但中国人向来讲究"含蓄"，越是亲近之人，越是羞于直接表达出对对方的欣赏。对于家人来说，人们更习惯默默支持，而非道出对其的认可与赞扬。但事实上，直接用语言表达出自己的赞赏，所起的效果往往会更好。每个人都会不同程度地在意他人对自己的评价，尤其注重所在意之人的认可，且相较于批评来说，大家都更愿意记住他们对自己的鼓励之言。

被他人赞同，是对个人自我价值的肯定。关于这一点，在竞争对手之间体现得尤为明显。若能够不吝惜赞美你的对手，如实道出对方的优点，在表现出自己友善的同时，也能够获取对方的好感，进而拉近彼此的距离，在未来或许可以实现双赢。毕竟在这世上，从来都没有永远的敌人，只有永远的利益。也许未来的某一天，你的竞争对手，就成了你的合作伙伴呢？

在日常生活中，每个人都喜欢听好话，但是，赞美并不代表谄媚抑或阿谀奉承。恰当的赞扬与鼓励，才能体现说话者的诚意，博得对方的好感。而类似于"拍马屁"的言论，乍听是对对方的赞赏，其实很多时候会起到相反的效果，招致他人的反感，甚至会使对方怀疑你有小心思抑或为人处世太过浮夸。

既要说出好话，又要把话说好，这是一门人生必修课程，值得每个人学习。

陈辰是一个情商很高的人，但凡跟他接触过的人，都觉得与他相处起来很舒服。陈辰的高情商在他的话语中体现得淋漓尽致。无论是对家人、朋友，还是同事，甚至是陌生人，陈辰从来都不吝啬给予对方赞美的话语。

陈辰的妻子在怀孕期间，她的心情是很复杂的。一方面，她为两人拥有了爱情的结晶而欣喜；另一方面，怀孕是一件极其辛苦的事，让她倍感不适。当妻子从镜子里看到自己越发肥壮的身材后，想起怀孕之前身材曼妙的自己，心中便只剩下沮丧。怀孕前期严重孕吐，到了后期更是每天晚上睡不好觉，不但不能平躺身体，腿还抽筋，这一切都让她感到身心疲惫，心情很糟糕。

随时注意着妻子情绪的陈辰，在察觉到妻子的心情持续低落后，便与妻子进行了一番耐心的沟通，之后他明白了妻子的担忧与辛苦。陈辰给予了妻子极大的安慰与鼓舞，用温暖的话语重新唤起了她对新生命的期待，妻子也不再畏惧即将到来的临盆时刻。在言语上安慰妻子的同时，陈辰在行动上同样给予了妻子强大的安全感。只要一有时间，陈辰便陪伴在妻子的身边，陪她说话，给她按摩，让她尽量能够保持身心的放松与愉悦。

妻子如期诞下孩子。除了悉心照顾妻子跟孩子，因知道妻子在意身材，在妻子产后不久，陈辰主动提出要与妻子一同去健身房健身。无论工作多忙，陈辰每天都陪着妻子一同去。在他的言语鼓舞下，偶尔不想动的妻子也坚持了下来。不到半年，妻子的身材便恢复苗条，身体也越发健康。爱一个人，便让她有机会做更好的自己。陈辰无疑是深谙爱情与婚姻的经营之道的。

言语的力量是巨大的，良言与鼓励更是如此。陈辰的好友打电话告诉他，自己准备从编制内辞职，因为他发现自己并不喜欢目前的这份极其稳定的工作。他想要去经商，做自己喜欢的工作。陈辰了解好友的能力及兴趣，所以他支持好友的决定。在得到陈辰的肯定及鼓舞后，好友毅然投身商界。在这个过程中，好友的事业并非一帆风顺。除了力所能及的财物支持，陈辰也不断给予他言语和精神上的支持。

因自己的本科专业是与商业有关的，陈辰便将自己的经验与感悟悉数告知好友，给他提供尽可能的帮助。如果能将自己喜欢的工作坚持下去，柳暗之后，便是花明。不到两年，好友的事业便有了很大的起色。后来，当好友生意越做越大并在商界有一定地位后，每当回忆起从前，好友总是不忘感慨当初陈辰对自己的鼓舞与肯定。

后来，陈辰离开了曾经的公司。在独自创业的初期遇到困难时，好友毫不犹豫地拿出资金给予陈辰巨大的帮助。有了这笔资金支持，陈辰的公司步入正轨，很快也获得了不少利润。

陈辰曾经给予了他人鼓舞和支持，后来在他需要帮助的时候，他人也毫不犹豫地给予回报，最后，双方实现了共赢。陈辰懂得语言的魅力，并凭借语言为自己增加了砝码。他在人品获得众人肯定的同时也为自己事业的成功创造了机会。

生活需要鼓励与赞美。一个人处于低谷期时，他人的一句真诚鼓舞，可使人重燃信心；在获得成就时，他人的一句真心赞扬，可使人欣喜满足。反之，刻薄的话语，即使是真心实意地道出对方的缺点或失误，也未必会让对方感激，反而会有雪上加霜之嫌，不但会挫伤他人的自尊与自信，还会使人心灰意冷。

当然，夸人也是需要技巧的，那种逢人便夸，遇事就夸，口若悬河，没有丝毫原则的夸赞，往往会适得其反。在与人沟通中，你可以做到以下几方面。

（一）多一句赞美，多一份真诚

赞美，是人与人之间密切关系的润滑剂。既要善于发现与夸赞他人的优点，给他人多一份鼓励与认可，又要体现言语的真诚，不因"夸赞"而夸赞。

（二）把握分寸，有原则

夸赞不能毫无分寸与原则，一旦过度，便是谄媚抑或浮夸，起到的效果往往适得其反。夸赞要基于事实，且在不同场合，面对不同人时，要根据实际情况，改变用词和语气，做到有针对性的夸赞。

在与人交往中，善于发现他人的可取之处，不吝啬自己的赞美抑或鼓舞之词，是一件暖人心的事。

五、别把心直口快当率真

　　率真的人，通常让人觉得可爱，而心直口快的人，却常常让人恼火。率真的人，他的言行很简洁，敢于表达自己的真实感受，却让人觉得很真诚，不会不舒服。心直口快的人，更倾向于口无遮拦，想到什么便说什么，他所说的或者所做的，极有可能伤害到他人，让人不舒服。

　　生活中不乏这样一类人，只顾着一股脑宣泄自己的所感所想，满足自己的口舌之快。你买了一条喜欢的新裙子，他会告诉你，你的身材不适合穿这条裙子。当你表现出不快时，他便会以一句"我心直口快，你不要介意"来结束；你烫染了一个新潮的发型，他会告诉你显老了几岁，你的肤色与头发的颜色不相符；你欣喜地与同事分享一家口碑很好的店，路过的他插话，"那家店又贵又难吃，服务态度还差，谁去谁后悔"，留下你一脸尴尬。这种人他们会觉得自己说话率真可爱，其实是口无遮拦，这样一种心直口快，是一种没有教养的表现。

　　说话不顾虑他人感受，喜欢以他人的缺点或痛处来开玩笑的人，必然不会受到他人的欢迎。一个人如果不能管住自己的嘴，习惯于口无遮拦，在让他人难堪的同时，也有损于自己的人际关系。没有人应该成为你开玩笑的对象，也没有人有义务成为你言论的受害者，说话不给他人留台阶，也不给自己留余地，终究会成为别人的一个笑话。

最近，阿欣所在的公司招聘了新成员，且分配在她的部门。阿欣所在的公司女性居多，而她所在的部门全都是女性。当阿欣知道这次招进的是一个男性时，她很是欣喜，也有所期待。毕竟，男女搭配，干活不累。当然，在大多数情况下，期待越高，失望越大。

当阿欣星期一一大早来到公司，满怀欣喜迎接新同事时，却看到了一位身材矮小却很肥胖的男生，她很失望。于是，在新同事到来的第一天，阿欣便为男同事取了一个外号"肥仔"。看起来性格乐观的男同事，以自黑的方式接受了这个外号，甚至还打趣要谢谢阿欣姐赐名。

男同事为人很友善，平日里对于阿欣等几个女同事所开的玩笑也照单全收，并没有不满意。哪怕是阿欣所说的"五官还可以，如果能再高一点，瘦一点，就一定可以找到女朋友，摆脱大龄剩男……"等关于他身材的话，他也只是尴尬一笑，没有多说什么。

有一次，公司为了加强凝聚力，准备举办健美操大赛。而在报名时，阿欣因为男同事的身材而故意将他除名在外，甚至还美其名曰"为他着想"，因为他又矮又胖不适合跳健美操。男同事深受打击，原本开朗的性格也变得沉默起来，最后男同事选择了辞职离开。

阿欣后来知道了男同事之所以辞职，是因为患上了严重的抑郁症。对于这样的结果，阿欣除了有点惋惜以后上班少了个乐子之外，并没有觉得和她有什么关系。

但事实上，男同事的抑郁症与阿欣有很大的关系。确切地说，是与她的话语有很大的关系。在平常的交往中，阿欣想到什么就说什么，因为她觉得自己就是一个直肠子的人，说话自然无须顾虑。然而，心直口快不是直率，口无遮拦更不是直率。阿欣以同事的身体缺陷为乐，即使是以笑话的形式说出来，也是说者无心，听者有意。这些话语不但有损男同事的自尊，更是直戳人家的痛处，无疑给他带去了极大的伤害。

不论在什么场合，不论面对的对象是谁，如果说话不经大脑，所说出的言论往往会给他人带去难堪抑或伤害，而以他人的缺陷来开玩笑，更是会给他人带去阴影。没有人有义务照顾你的情绪，所以每个人都需要为自己所说的话埋单。人心是相通的，只有好好说话，尊重他人，才能获得他人的尊重与亲近。所谓心直口快，其实大多数情况下都是因为不会说话。懂得好好说话，是人生的必修课，想要成为会说话的人，应该做到：

（一）言不及私，尊重对方

直言直语并非不好，但言语的内容却是需要考虑的，尤其不可戳他人伤疤。事情的好坏、说话对象的身份，决定了言论的取舍。而不理解他人、大言不惭的做法，只会让他人陷入尴尬之境，也会影响自己的人际关系。

（二）玩笑有度，谨防口无遮拦

幽默风趣，自然能获得他人好感，但并非所有的玩笑都能带来良好效果。我们应该出言有度，不以开玩笑为借口冷嘲热讽抑或戳人痛处，谨防弄巧成拙。

不要说自己心直口快，但心眼不坏。很多时候，说者无意、听者有心，快言快语往往会语出伤人。会说话的人，从来不逞口舌之快。

六、喋喋不休，不如观心自省

生活中不乏这样一类人，他们习惯展现自己，总是在他人面前喋喋不休或者高谈阔论。在交谈过程中，大多数情况都是他一个人在唱独角戏，但他却并不自知。哪怕知道，他也并不认为自己话多有什么不好。相反，他觉得只有这样做，才能吸引更多人的目光，成为人群中的焦点。

但事实上，话多并不代表见识多或者有智慧。相反，只顾倾诉自己所想，抑或喋喋不休表达自己所感的人，实则是很让人讨厌的，而且他们这样的做法，也恰恰说明他们的不自信。他们试图用高谈阔论吸引大众目光，却更加反映出他们内心的极度自卑。要知道，真正有能力的人都是很低调的，只有"一瓶不满"的人，才会"半瓶晃荡"。

在家庭中，总是唠叨的妻子，必然会让丈夫感到烦闷，总是喜欢指责或说教的父母，也定然会让孩子产生反感；在人际交往中，总以智者的身份来评价他人的人，势必会引起旁人的不喜；在工作中，如果领导说话反反复复，对同一件事情唠叨不停，不但会浪费时间，还会让员工心中产生抵触，甚至有损领导自己的威信。

其实，在很多情况下，说得多不如说得少。经过思虑与选择的言论，虽言简意赅，却可能"一鸣惊人"。话少却发挥了语言的最大效果，这便是说话的一种智慧。

左明是一个吹毛求疵的人，对每件事的要求都近乎苛刻。且他总习惯以自己的标准来要求别人。这就导致一个结果，但凡遇到看不惯的人或事，他一定会指出来。而且一旦被他指出来，如果他人没能按照他所说的去做，他便会喋喋不休，说个没完没了。

对自己严格要求是值得肯定的，但对其他人提出过多的要求则不太妥当。毕竟每个人都是独立的个体，而且每个人的想法也会不一样，对同一件事的看法或者标准也有所不同。要求每个人想法一样是不现实的，但左明却不以为然。

左明的妻子在工作之余，最喜欢的就是宅在家里看剧，而一旦出去，则是逛街与吃东西。左明看不惯妻子的这些行为，总是唠叨她的做法不对。对于左明的唠叨，一开始妻子还会跟他争论。在明白跟他沟通无效后，妻子一旦觉察他要开始唠叨了，便索性离他远远的。这种方式虽然避免了两个人的正面争吵，但显然给两人的关系带来了负面影响，不利于夫妻间的和谐相处。

左明不但对妻子要求很多，对子女的生活状态也很不满意。爱玩是孩子的天性，但左明却觉得子女太过闹腾。在孩子还小的时候，当孩子嬉戏打闹时，左明便习惯指责他们，让他们安静下来。当他们要出去玩时，左明也是不太乐意的，因为他觉得每次孩子出去玩耍，回来都会把衣服弄得脏兮兮的，太不干净了。然而他的说教并没有起到太大作用，孩子依旧爱玩爱闹，仍旧把家里弄得很乱，所以左明总是很生气，一生气他又唠叨个不停，形成一种恶性循环。当孩子再大一些的时候，虽然左明家离学校并不远，但孩子们还是坚持住校，因为他们不想总是听到父亲的说教。

于朋友而言，左明亦是一个苛刻的人。在与朋友的交往过程中，一旦有人想要喝酒，或者吸烟，或者打牌，左明都会劝阻他们，并试图说服他们改掉不良习惯。虽然左明是一番好意，但他说话的方式让朋友不能接受。他义正词严地提出批评，而且不断重复，尽管他明知道朋友并不一定会听他的。久而久之，朋友们有聚会便都不叫左明，因为在他们看来，左明一开口便会扫他们的兴。但左明并没有自知之明，一旦知道有朋友聚会，他便会不请自去，导致朋友越发疏离他。

无论对家人、朋友，抑或陌生人，并不是你说得越多，起的作用就越大。对于成年人来说，他们有自己的思考，有些事点到为止即可。而对于小孩，则更要懂得说话的技巧。一味地喋喋不休，只会招人反感。

说话方式和人的性格有很大关系，而一个人的性格一旦形成，就是不容易再改变的，但在说话方式上，却可以有所改变。像左明一般的固执性格与唠叨习惯，如果有所改变，对改善人际关系是极为有益的。

喋喋不休，不如观心自省，减少无意义的话。在表达自己的意见时，做到言简意赅。你会发现你的话所起的作用更大，效果更好。在改善说话方式这一点上，是可以学习的。你可以做到以下几方面。

（一）言简意赅，不说"单口相声"

语言是用来表达自己的感想的，但不能只顾着自己倾诉。在沟通中，不给他人表达观点或意见的机会，且小事长说，不顾及对方的感受与反应，必然是一次效果不好的交谈，也不利于彼此思想与感情的交流。所以，在与人交流的时候，要适当聊起对方感兴趣的话题，让对方也能加入到讨论中。这样既避免了尴尬，又能让对方感受到你的体贴。

（二）不纠结既定事实，不站在道德制高点上

事情已经发生了，即使不符合自己的预期，也不能埋怨个不停，否则不但无济于事，还会惹起对方的不快。同样，我们也不应该站在道德制高点上来说教他人。不论关系亲疏，妄加评议他人，这样一份强硬的"好心"，很大可能会演变成一场卖弄口舌的闹剧，一不小心便会招致他人的误解与不耐烦。

聒噪，极其惹人嫌。当然，不唠叨个不停，也不是要沉默寡言，而是要好好说话。与人交谈，不是个人作秀，而是要注重双方的言语互动，以期能达到良好的交流效果。

七、夸夸其谈，不如深思熟虑

生活中总有一些习惯于说大话的人，明明没有太多能力，却总做出一副自己无所不能的样子。但时间久了，人们便不难发现，大话说得再多，也无法填补他们内涵的不足。事实上，当一个人将大部分精力都放在说大话上，那么他便没有太多时间和精力去充实自己。

也许这些喜欢夸夸其谈的人，在最初的时候会给人一种很善良、热心肠的错觉，但时间一久，人们便会发觉，这种人不过虚有其表，他所说的话只能听一下，当不得真。他们的保证完全不可信，他们的道理也无法得到他人的信服。

言论体现了个人的素养，一个言论谨慎、内心沉稳的人，不会是一个卖弄口舌的人。

"言论的花开得愈大，行为的果实结得愈小。"这句话是有道理的。当一个人能够遇事深思，处事熟虑，出言谨慎而不夸夸其谈，少言而注重实际行动时，他才是明智的。

赵宁从小便是一个爱表现的人。在高年级时，他的这种表现尤为突出。对于一个学生而言，勤于思考，发表自己的言论，这是值得肯定的，但赵宁不一样，他虽然爱思考，敢于发表自己的观点，但却总喜欢与老师抬杠。无论老师讲一个怎样的观点，他都会质疑并反驳。如果他说得有道理，肯定没问题，但事实上，大多数时候他所说的都是毫无道理的。而他之所以这样做，只是希望在大家面前表现自己。他的做法，不但让上课的老师觉得头疼，也扰乱了课堂秩序，耽误了其他同学的宝贵时间。

课余时间，赵宁也热衷于与其他同学讨论问题。大多时候，都会争得脸红脖子粗，即使最后是赵宁的观点有误，他也不会承认。他总想找些理由来证明自己的观点，争论到最后，往往不欢而散。一开始，同学们还觉得赵宁是一个很有自己想法、很有个性的人，可到后来，大家从他的高谈阔论中发现，他所说的内容毫无道理，无法让人信服。

一个人的性格一旦养成，便很难改变。赵宁将他这种夸夸其谈的习惯直接带到了工作之中。善于言辞的赵宁，因面试准备充分，成功应聘到了一家销售公司。从基层做起的赵宁在销售一线打拼，他本以为凭借自己的口才肯定能胜任这份工作，但一个季度下来，他的业绩却是所有同事中最惨淡的。赵宁觉得是因为自己没经验，慢慢地业绩就会好转，同事也给予了他同样的鼓励。

只是半年过去了，赵宁的业绩丝毫没有起色。公司领导还是蛮看重赵宁的口才的，所以想要培养他。之后当他与客户谈生意时，公司特意指定了一个经验丰富的人前去指导赵宁。指导人员很快就发现了问题。

原来，在交谈过程中，赵宁说的话几乎都是无效的泛泛而谈，而且他只顾自己说得尽兴，并没有照顾到客户的情绪变化。于是出现了赵宁说得很来劲，但客户却在一旁听得很无趣的尴尬局面。简而言之，急于表现的赵宁，将本来是双方的交流，变成了他个人的独角戏，"王婆卖瓜，自卖自夸"，这怎能让客户满意并接受？

知晓了症结所在，赵宁表示自己在以后与客户的交流中会有所注意与改变。性格的养成并非一朝一夕的事，同样，语言习惯的改变也会是一个漫长的征途，但赵宁对自己有信心。

包容心强的人并不会过多夸赞自己。在交谈过程中，他们不会把自己放在主要位置，也不会只顾"强硬"分享而忽视倾听。虽然话少的人并不一定学富五车且为人低调，有可能只是不善于表达，但话多的人，尤其是喜欢说大话的人，很少会有高深的素养。

于个人而言，夸夸其谈之人必定不是实干家；于国家而言，历史中不乏空谈误国的典例。不说不符合实际的话，控制过度的言语表达欲望，这是一种个人的修养。想要提高自己在说话方面的素养，避免说大话，你需要：

（一）好好说话，踏实做事

说话是有技巧可言的，喋喋不休，只会惹人反感，让人生厌。想要让人喜欢，获得他人的信服，就要做到不夸大事情，当然，还需要言行一致。

（二）多思考，少妄言

你有一种思想，我有一种思想，当我们交换后，便有了两种思想。言语表达是一种基本的思想交流方式，倾诉与倾听是人际交往的必需品。但是，在交谈过程中，要注意控制自己的表达欲望，不妄言，不多言，思考而后言，做一个聪慧之人。

言多必失，不任意揣测他人，也不妄自菲薄，管好自己的嘴，不失为一种明智的做法。

八、咄咄逼人，并非气场足

很多为人强势的人，喜欢在交谈过程中咄咄逼人，以此来给对方施加压力。在他们看来，这样做会提高自己的气场。一旦对方沉默，便代表对方认输，那么在这场交谈中，他们便是胜者。然而，绝大多数情况是，对方不过是不喜欢他的这种说话方式。既然不能愉快地交谈，又何必浪费口舌？不如适时沉默。

因咄咄逼人而使对方屈服，只是一种嘴巴上的胜利。不论任何场合，在言语上表现出咄咄逼人之势，都会给人一种凌厉之感。生活中不乏这样一类人，因位高权重便表现出一种盛气凌人之势，说话没有任何顾虑，言语过于直接，也不给他人留任何情面。这类人对下属极有可能大呼小叫。在他们的管理下，下属即使表面上非常顺从，在心里也对此很反感。他们很难得到下属的尊重与信服。

在言语上得理不饶人，不给他人留情面，不给他人任何台阶下，其实是缺乏素养的表现。素质高、有修养、内心强大的人更懂得收敛自己，更懂得控制自己的情绪。能力越强的人，表现得越淡然，与人交谈越会谦逊有礼。相反，总想在言语上胜过他人，其实是一种不自信的表现。因为不自信，便更想得到他人的肯定，即使是对方表面的"认输"。

生活中不乏这样一类人，在餐厅吃饭时对服务员呼来唤去，没有一丝尊重；对家人冷言冷语，大声呵斥，对外人却和和气气，言语中充斥着小心翼翼，生怕得罪他人；对上司毕恭毕敬，极尽谄媚，嘴巴像抹了蜂蜜一样，只说好话；对下属却摆出一副高高在上的姿态，说话难听、苛刻。其实，这种人的内心是自卑的。因为不够强大，所以才想在言语上压制弱者，来证明自己的存在与获得扭曲的成就感。然而，越想要表现得高人一等，越会让人看轻，越不会被对方尊重。

咄咄逼人，不但给人一种强势之感，言语中也容易透露出一种敌意。在与人争执的过程中，透露出一种厌恶对方之嫌。这类人不放过对方在言语中的任何漏洞，不断质疑、反驳对方，直到对方缴械投降。当对方无话可说，甚至无地自容，他们便觉得自己胜利了。只是这样一种胜利，常常给周围人带来太大的压力，甚至引起他们的反感，继而会疏远自己。

尽管新时代的社会一再强调男女平等，但我们不得不承认，相比较于男性，女性仍然在这个社会中处于弱势的地位。在大多数情况下，女性要想成功，所要付出的努力要比男性多。应聘时的性别歧视，家务分工的不公，都是现实存在的问题。自信的周宁宁自小便认为女生在能力上与男生不相伯仲，男生可以从事的职业，女生都能够胜任。在这种思维的影响下，成年后的周宁宁的言行经常表现出一种强势，一种势必要打败对方的倾向，尤其当她与男性交流时。

并不是说好强的人性格不好，而是物过刚则易折。能够在该示弱的时候示弱，该坚强的时候坚强，才不失为一种良好的性格。然而周宁宁却没能做到。无论是在工作上还是在生活上，周宁宁都表现得非常要强。而这样一种好强，的确让周宁宁争取到了很多机会，在事业上也小有成就，成为公司的中层管理者。然而，尽管周宁宁在事业上发展不错，但是在人际关系方面却非常糟糕，这主要是由于她太喜欢怼人了，说话尖酸刻薄。

严于律己的周宁宁对下属的要求也极为严格，尤其在工作方面，她一直以高标准要求他们，且不容许他们在工作上犯错。但是人非圣贤，孰能无过。一旦下属在工作上有所失误，周宁宁便会当着所有人的面厉声批评下属。所以尽管在周宁宁的强压下，下属进步很快，但是却没有一个人打心底感激周宁宁。在下属看来，周宁宁的素质太低了，她没有作为一个领导者该有的宽容之心。当然最令下属反感的，自然是周宁宁言语中所表现出来的轻视与不尊重。

周宁宁不但对下属如此态度，对同为公司管理者的同事也是如此，若对方是男性，则这种针锋相对的情况更甚。在负责同一个项目时，一旦意见出现分歧，周宁宁从不肯改变自己的看法，而且会与同事针锋相对，激烈争辩。即使同事的意见更为中肯，提的建议更具有可行性，周宁宁还是不认同对方，甚至会鸡蛋里挑骨头，觉得方案不可行。

结婚后的周宁宁，在家里还是表现出一如既往的强势。说话不给人留一点情面的她，对于丈夫，她也总想在气势上压倒对方。即使丈夫是一个勤做家务、脾性温和的人，做事周到严谨，周宁宁也总能挑出丈夫的一些毛病来。于是，两人总处于争吵中。

很显然，凡事都要争个高低、分个胜负的周宁宁，如果其言行、性格不能有所改变，她的工作和家庭生活都将不得安宁。

在言语上习惯咄咄逼人的人，即使在争赢后获得了短暂的快感，其生活也不会过得顺畅、欢乐。而其造成的后果，则是糟糕且持久的。气场十足的人，让人敬畏，却不会招人厌烦，而咄咄逼人的人，体现的是一种强势，而不是气场足。做不到好好说话的人，不但不招人待见，甚至会祸从口出，引祸上身。好好说话，不盛气凌人，才能为自己赢得尊重。避免说话咄咄逼人，应该做到以下几方面。

（一）平等对待他人，不苛刻他人

一个人能始终将自己看作是与他人平等的，便不会对他人做过多的要求。不论是否身居高位，平等对待他人是良好个人品格的体现。

（二）认识自己，注重个人修养

俗话说，死要面子活受罪。我们只有对自己有一个清醒的认识，才不会落入世俗，变得俗气。同时，我们也应该于生活点滴中注重个人修养的提高，充盈精神世界，虚心接受他人建议，成为一个对自己的情绪收放自如的人。

（三）凡事用商量而非命令的语气

同一句话，用不同的方式或语气说，所表达的效果会不一样。用生硬或命令的语气交流，只会引起对方的反感。我们应该学会软化语气，即使自己有道理，但如果能用和对方商量的口吻来表达自己的想法，想必会获得更好的效果。

　　说话太过强硬，无疑会让人感到不舒服。不论所面对的对象是谁，都要礼貌用词，语气缓和，说话客气，不让对方感到难堪，努力做一个平易近人的人。

九、一味抱怨，只会让自己心情更糟

抱怨，是不满情绪的发泄。而过度抱怨，不但不利于问题的解决，还会影响到个人的身心健康。

在这个更新换代极为迅速的时代，欲望的膨胀抑或成功机会的激增，更激发了个人的不满足与追求。一旦求而不得，或者所得不尽如人意，便可能滋生出消极或悲观的情绪。处于高压力下的人们，并非都拥有强大的心理抗压能力，他们一旦不能及时从曲折中调整过来，便会不停抱怨。

抱怨是一剂毒药，它所产生的消极影响是极大的。人生不如意之事十有八九，在陷入困境后，乐观的人会让自己很快冷静下来，并积极寻求解决问题的方法。而心理脆弱的人，不能承受生活的打击，便会时常觉得不公平。

抱怨只会让自己变得更加烦躁，也会消减对生活的热情与兴趣。一味沉迷于抱怨，并不会让状况变好，反而会让自己陷入一种恶性循环之中。

要想让自己的处境变好，首先就要改变一遇到困难便只会抱怨的不良习惯，要勇敢面对不利于自己的情况，寻求解决的办法，从而战胜困境。

卫平是一个消极的人，他总喜欢跟别人抱怨。只要有不如意的地方，他就会自怨自艾。跟家人，跟朋友偶尔吐槽一下，可以发泄自己的情绪，这也是与亲密的人互动的一种方式，可以增加彼此的感情，但卫平却不是这样的。

卫平刚大学毕业那会儿，在找工作时遭遇到了挫折。每次跟爸妈打电话，他都会埋怨应聘单位的不公平，或者抱怨自己没有遇上伯乐，有时还会有心无心地埋怨父母只是普通人而不能给他太大的帮助。

后来，卫平有了稳定的工作，又和同学兼同事的妻子结了婚。在婚后不久，卫平的妻子便发现卫平有喜欢抱怨的不良习惯。每当妻子想要跟他分享一些在工作上或在生活中遇到的趣事时，卫平总会习惯性地泼她冷水。对于他这种消极的思维方式，妻子在多次提醒他要改正却无效后，便由着他了。只是，以后再碰到一些有趣的事情，妻子也不那么愿意跟他分享了。而他找妻子说话，大多数情况就是抱怨生活中的不如意或者工作上遇到的麻烦，这让妻子更加不想跟他有过多的交流，夫妻的感情也不复从前。

人生能够得一知己便足矣，卫平也有一个从小玩到大的好友。高考过后，两人考进了不同的大学。在这期间，虽然两人的联系不算很多，但感情依旧。趁着国庆节放假，好友特意来到卫平的家看望他。卫平很高兴，两人聊了很多，回忆了很多小时候的糗事，也互诉了生活上与工作上遇到的一些事情。虽然两人聊得很开心，但好友发现，无论他提到什么，卫平总喜欢把事情往消极方面想。

好友明白，每个人都需要情绪发泄，跟好友吐槽与倾诉心事，这是一种很好的情绪发泄方式，但越聊到后面，好友越发现卫平整个人就像被乌云笼罩着，抱怨个没完没了。在好友看来明明是一件极其简单的事，到卫平那里却总能牵引出他许多的不满。

其实，好友觉得卫平现在的工作还可以，生活状态也不错，卫平自己也这样觉得。但从卫平的谈吐中，好友却总能清晰地感受到他的怨气。叙旧的最后，只剩下卫平一个人在抱怨，好友也只得听他讲完。

这次离开后，好友每次打电话给卫平，卫平总喜欢抱怨生活的不如意，后来好友便较少打电话给他了。总是听卫平抱怨，让好友自己的心情也变得糟糕，毕竟没有谁喜欢总是和消极的人在一起。而对于好友的少联系，卫平并不知道原因，甚至好友的疏离也成为卫平抱怨的内容。

人一旦习惯于抱怨，心态便会变得不稳，容易被一些无关紧要的事情影响。由于每个人都生活在群体中，所以个人的言行或多或少会影响到其他人，而个人的抱怨，更会影响到身边人。对家人诸多抱怨，不利于家庭的和睦，影响了家庭成员之间的亲密；对友人抱怨，将会导致朋友的疏离，乃至友情的破裂。每个人都会遇到难题，但抱怨绝对不会是好的解决方法。减少乃至避免抱怨，你可以做到以下几方面。

（一）善于反省，换角度思考

遇到难题，不能在第一时间选择逃避。一旦有了逃避心理，定然会产生抱怨情绪。个人的能力是有限的，即使问题不能得到很好解决，也应该积极反省，懂得从另一个角度看待问题，从而汲取经验与教训，不至陷于思维困境。

（二）把困难当作挑战，保持乐观

没有一帆风顺的人生，但可以改变面对困难时的心境。不同的心境，创造不同的人生。把困难当作考验，将逆境视作挑战，遇事时告诉自己跨过去便是另一番天地，乐观面对一切。

（三）充实自己，重视实践

很多时候，一个人太闲才会想得太多，计较得太多，便滋生不满。少抱怨，多行动，可多参加户外活动，用实践充实自己的日常，在实践中锻炼自我，感受生活。

习惯性抱怨的结果，往往是恶劣的。一味抱怨，既是一种无能的表现，又可能将人带向消极的世界而忽视对问题本身的解决。希望我们都能远离抱怨，做一个乐观积极、热爱生活的人。

十、简化语言，有效交流

在生活节奏过快的当下，能够在交流过程中懂得简化语言，花费最少的时间达到有效交流的目标，便会有更多的时间来从事其他方面的工作。

当然，简化语言并不是指话越少越好，而是强调应该用简洁的语言，尽量说能够让对方快速听懂的话，从而达到沟通意图。

唐代著名诗人白居易，便以其善用简化的字词来作诗而著称。为了使其诗句通俗易懂，白居易在初创一首诗后，便会让儿童、老人诵读，如果连他们都读懂了，白居易便觉得诗作成功了。让句子不是从笔下写出而是从嘴里道出，虽形式有所不同，但都能起到传递信息的作用。在这方面，诗人白居易注重写诗言简意赅的做法值得后人借鉴与学习。

当然，所谓的有效交流，不单指说话者能够清晰表达出自己所想，还表示对方能够清楚接收，并正确理解说话者想要传递的信息。这就需要我们在不同的场所，抑或面对不同的人，用词、用字需要有所选择，但有一点是相同的，那便是用最简洁有效的言语来交流。

郭军从小便想成为一名伟大的人民教师，因为他在上学期间遇到了很多良师，这些教师都对郭军产生了很大的影响。在整个受教育阶段，郭军感受到来自不同老师的关爱与鼓励，同时也了解了老师教书育人的不易。怀着对教师的感恩及对这一职业的崇敬之情，高考过后的郭军毅然选择了师范类专业，大学毕业后的他也选择从事教师这一行业。

因为热爱便不惧困难。但是对于郭军而言，尽管他具备作为一名教师的基本素养，但他的求职之路并不顺畅。郭军在整个大学期间表现都很优秀，只是在一方面有明显欠缺，那就是他的语言表达能力不足。

在平常说话中，郭军习惯絮絮叨叨，一件小事讲个半天，旁人也不知道他想要表达什么。并不是说郭军说话含蓄或委婉，而是他想到什么就说什么，丝毫没有重点，等到他说完了，对方听得云里雾里，而郭军本人其实也不知道自己究竟说了什么。换句话说，郭军做不到有效沟通。

在日常交流中，郭军的这一缺点并不是很明显。但要想成为一名合格的老师，语言能力的缺陷便成了一个很大的问题。原本郭军认为，凭借自己在学校里的优异表现，找到一份满意的工作不算难事。虽然说教师的招聘考试竞争比较激烈，尤其是郭军期待的名校，但是郭军对自己的能力还是有信心的。只是，在面试几家学校都碰壁后，他的想法开始有了改变，压力也随之而来。

教师的招聘考试一般分为笔试、面试、考核三轮，在笔试阶段郭军由于平常知识的储备非常充分，他总能拿到第一的好成绩。然而，一旦到面试与试讲阶段，郭军便会陷入劣势，而到考核阶段便会被考官刷下去。当然不乏很多学校想要招聘郭军，但那些学校的综合实力并不能让郭军满意。而且越是水平高的学校，对于应聘者的各方面要求也越是严格，同时前来应聘的竞争对手也都更加优秀。

屡战屡败的郭军开始怀疑自己的能力，由于失败的次数太多，郭军也变得不再那么自信。但郭军不是一个逃避问题的人，面试失败后，郭军会主动找到面试官请教经验。从不同面试官中得到的类似答案，让郭军认清了自身存在的问题，即有效沟通的问题。

具体而言，郭军在试讲过程中语言不够简练、流畅，在考核阶段，对于面试官所提的问题，郭军不能很好回答，做不到清晰表达出自己的想法。

明确了自身存在的关键问题，郭军开始进行有针对性的言语训练。

在这个快节奏时代，如果做不到有效沟通，不能简练地突出说话重点，便很难做到高效解决问题。生活中不乏这样一类人，说话啰唆，开口便习惯说上一大串，让人听得不知所云。

当一个人说话习惯长篇大论，即使讲述一件简单的事也铺垫个没完没了，所说的话完全没有重点就会导致互相交流的费力。更有可能会出现答非所问，说话牛头不对马嘴的尴尬状况。

言语在交流中所起的作用是极大的，懂得简化语言，化繁为简，便能够既省时又省力，达到交流的目的。但并非每个人都能做到有效交流，这就需要个人在语言沟通能力方面有所注重与加强。

（一）复杂的事情比喻化、生活化

在交流过程中，难免会讲述一些复杂的或理论性较强的事情。要想达到预期的沟通目标，便需要将复杂的事情简单化、将理论性的概念具体化，可联系生活实际来讲，或善用比喻，让对方能够更为容易理解你想要说的内容。

（二）格式化语言，懂得语言公式

在一些正式场合，懂得语言公式对于个人的语言发挥有着重要的作用，尤其是一个人的临场发挥。通俗点讲，说话也有套路。比如在演讲或会议发言等正式场合，知晓"称呼 + 时间 + 地点 + 事件"的组合，便不会陷入无话可说的尴尬境地。

（三）抓住重点，注意非语言提示

说话想要抓住重点，便要有所取舍。舍弃的是不必要的言语，保留的是枝干，由此才能实现高效交流的目的。同时，在沟通过程中，说话者的身体动作等非语言提示，都是促成有效交流的重要因素。

每个人的时间都是宝贵的，尤其在当今这个生活节奏快速的时代，注重提高个人的语言交际能力，简化语言，方能做到更好交流。

十一、兼修内外在形象，提高"言值"

有人说：一个人的颜值可以给人带来成功。这句话虽不完全正确，但确有一定道理。毕竟爱美是人的天性，欣赏美的东西是人的本能。这就决定了样貌姣好的人，更容易获得他人的好感。当然，一个人的颜值并不仅仅指长得怎么样，还包括其他方面，比如说穿着、打扮。通常我们称赞一个人颜值高，除了天生丽质，还意味着这个人的形象气质不错。

不得不承认，在当今这个社会，颜值高的人比颜值低的人更具有优势。不论是在找工作，还是在找对象时，颜值高的人更容易获得对方的青睐。因此，在平常生活中，注重个人的外在形象，比如打扮自己，或者提高个人衣品都是有必要的。

但如果一个人只注重外在形象，而不注重内在修养，也是不利于长远发展的，还有可能会被旁人评价为"金玉其表，败絮其中"。在生活中，和颜值同样重要的，还有我们的"言值"。而"言值"，则是我们的内在修养的外在表现。

人类是习惯群居的，与他人的言语交流占据了生活的绝大部分时间。一个说话得体的人，会是一个内在修养良好的人。说话能够让他人听得如沐春风的人，必然是一个具有高情商的人。而不懂好好说话的人，绝对算不上优雅有风度。

既能够注重外在形象，又能够兼修内在，才不失为一个充满魅力的人。在这个拼"颜值"，更拼"言值"的时代，如何才能将自己打造成一道靓丽又有内涵的风景，值得我们思考。

　　经常听到一些女孩子说："外在不重要，我比的是内涵！"仿佛外表光鲜亮丽的女孩子都缺乏内涵，但事实并非如此。然而，大四学生小俞却对此话深信不疑。

　　从小时候起，妈妈就告诫小俞："不能跟他人比吃穿，比外在，因为这些都不重要，重要的是个人的内在修养。"当然，小俞妈妈的话也不无道理，内在修养确实重要，但这并不意味着提高自己的外在就完全不需要。

　　然而小俞显然没能完全理解这句话，因此，在"不需要注重外在形象"的观念长期影响下，小俞即使上了大学，成为一位大姑娘时，依然没能建立起基本的审美观念。不注重外表的小俞，穿着过于随意，且不懂得打扮自己。

　　看到一起入学的女生已经逐步蜕变，外在形象变得越来越美时，小俞仍然自我安慰："外在形象一点都不重要，内涵才有价值。"可是到大四毕业找工作时，她才发现，自己的那点内涵在芸芸众生中是多么平庸无奇。

　　面试时小俞还穿着幼稚的卡通T恤，顶着一头乱蓬蓬的头发，往HR面前一站，毫无吸引力。要知道，在招聘现场，HR每天要完成数十甚至数百应聘者的初面，且因为时间关系，HR只能与应聘者简单聊几句。小俞的外在形象，向旁人透露出其性格的"散漫"，尽管真实的小俞并不懒散。在应聘过程中，小俞所投递的简历大多时候都被 HR 直接忽视了。

在简历多次石沉大海之后，小俞才开始有所觉悟：个人的外形和容貌，在这个讲究高效率的当下，有时候是一块更便捷的敲门砖。毕竟在大多数人的认知里，外在形象是个人内在修养的直接体现。

当然，生活中也存在着另外一种声音："长得美才是王道。"这类人省吃俭用，全部家当都砸在衣服、饰品、化妆护肤上面，还有人会选择花费大量金钱去整容。只是，当一味注重外在而忽视内在时，个人的衣着虽然光鲜了，从外表看起来娉婷袅娜，但就是不能开口说话。因为他们一张嘴，就立刻变成粗俗的市井大妈。

习惯爆粗口及说低俗的口头禅，热衷无聊的八卦与评论他人的是非等，这些会使得其他人对其好感度瞬间降低，这也是个人内在修养匮乏的表现。

蓁蓁便是典型的这种人。生得漂亮且从小便注重打扮的蓁蓁，是众人眼中花朵般存在的女生。她皮肤白皙，身材纤细，一双大眼扑闪扑闪，清纯的外表总能吸引旁人的目光。只是，在与他人相处的过程中，蓁蓁的言行常常惹人诟病。

凭借自己的外在优势，蓁蓁最喜欢怼人，言语刻薄，不给他人留任何情面。久而久之，身边人都不愿意跟她接近了。进入社会的她，不但没能利用好外在的天然优势，更是由此招来了不少麻烦，被旁人嫌弃口无遮拦，没有素质。

爱美之心，人皆有之。尤其是在当今这个看脸的时代，美丽的外貌固然可以加分。但是，当他人透过外在去看一个人的内在时，他们会期待其内心与颜值是相配的，最起码也不要相差太多。否则，一旦当他们发现这个人的内在修养无法匹配其容貌时，他们的欣赏便会大打折扣，严重者还会引起他们的反感。

蓁蓁显然没有意识到这一点。不注重"言值"，而只注重"颜值"的蓁蓁，如果不能好好提升自己的"言值"，即使其样貌姣好，依旧会被他人嫌弃。

不论是外在形象，还是内在修养；不论是"颜值"，还是"言值"，只有并重，才能全面提升自我。内外兼修，你需要：

（一）适当装扮，提升审美能力与品味

不论是女性还是男性，适当打扮自己极为必要。从衣着、发型到妆容，寻找适合自己的那一款，提升自己的外在形象。也可参加一些文化沙龙或艺术活动，提高个人的品位。

（二）阅读书籍，培养气质

腹有诗书气自华。通过阅读，不但能够扩大个人的知识面，而且还会在潜移默化之中改变个人的言行，对于气质的提升很有帮助。

（三）不讲脏话，注重口头禅的应用

满口粗话或脏话的人，不但显露了其个人素养不高，更会影响到人缘。不讲脏话是成为文明人的基础。同时，口头禅的使用也要有所选择与控制，否则会给人留下不稳重的印象。

（四）给对方留空白，让他人能够从容说话

"言值"的提升，需要个人在平常交流中常怀"同理心"。

说话不要一味地犀利，给对方留有余地，必要时给个台阶下，是对双方的尊重与谅解。

　　干净的外在形象，搭配优质的内在，一个人能够做到言行举止皆淡然，方为优雅。

第三章

平衡工作与生活，对视理想与现实

当我们被膨胀的物质欲望驱使着，渴望事业有成与金钱满足时，我们的生活已经变成一种"被动的生活"。每个人都在拼命努力，享受生活已经逐渐成了一种奢望。随之而来的，是焦虑与疲惫。人们向往着远方，但却又不得不被眼下的工作绑架身体，只能选择没日没夜地工作。

想要回归内心的平静，平衡工作与生活，需要我们懂得规划自己的人生，找到工作与生活的平衡点，巧妙融合速度与舒适，在拼搏中体验慢节奏的品质生活。

一、分清轻重缓急，找到工作与生活的平衡点

　　每个人的精力都是有限的，想要在有限的时间内将事情做到最好，就要在做事情之前做好计划，按照事情的轻重缓急划分出不同的标准，然后再根据重要的事情首先做、细致做，非要紧的事情移后做、快速做的原则，将每件事情做好。

　　生活中有太多的琐事。如果不假思索、没有选择，将大部分时间与精力放在处理琐事上面，那么可能会忽略一些关系到个人发展的大事。而这样一种随性而为，也会影响到个人的思维。一个人如果长期被束缚在琐事之中，那么他对大事的兴趣便会减少，处理事情的能力也会减弱。在实际生活中，太过于专注小事的人，通常缺乏一种格局，而格局不够大，对一些大事的判断与处理自然也会有影响。

　　可能有人会对评判事情轻重缓急的标准有疑问。其实，两弊相衡取其轻，两利相权取其重。从权衡利弊方面来讲，重要的事即是对自己有利的事，便要优先处理。当然，也存在一些不重要但需要立马处理的事，这就需要个人安排好自己的时间了。

　　除了分清轻重缓急之外，要想过得顺心，我们还需找到工作与生活的平衡点，在特定的时间，拎得清工作与家庭孰轻孰重。成为工作狂，拼命工作，将工作放在生活之上，即使最终名利双收，

也不见得会很快乐。

当然，如果将大部分时间花在生活上，过度看重生活的享乐，工作于自己可有可无，这也是不可取的。毕竟，生活的品质源于工作的回报，没有物质上的满足与个人价值的实现，生活并不能充实。而一个人的工作状态与工作效率，与其生活品质也是息息相关的。

平衡工作与生活，也就是处理好工作与家庭的关系。不将个人情绪带入工作中，也不把工作情绪带入家庭，方能平衡两者。而如果能够兼顾工作与家庭，处理好两者的关系，家庭的和睦与职位的晋升，可谓鱼与熊掌兼得之事。

作为年轻人，要想在这个快节奏的社会立足并有一番成就，需要付出很多。不论天寒地冻还是炎热酷暑，熬夜加班似乎都成为当今年轻人的工作常态，于是哀叹发际线上移，如何防脱发或者增发的动态几乎刷爆朋友圈。蒋明也是这群年轻人中的一员。

有工作狂之称的蒋明对待工作是极其认真的，如果说每天可以 24 小时上班，那蒋明恨不得 24 小时都在工作。当然，有付出也会有所收获。在这样一种拼劲下，蒋明为公司带来了很大的收益，他的付出也获得了丰厚的报酬。

然而，一个好员工并不代表他是一个好的丈夫。蒋明一心一意扑在工作上，在他事业小有成就并结婚后也没什么变化。并不是说对工作极其负责不好，不论男女都应该有自己的工作，并且为之努力。但是，蒋明只管工作，似乎其他一切事都不在乎，久而久之势必会出问题。

因忙于工作忘记了妻子的生日，不记得两人的结婚纪念日，蒋明的这些不注重细节的行为让妻子有所埋怨。妻子也有工作，也很重视工作，但是妻子能找到工作与生活的平衡点，既能尽心工作，也能照顾好家庭，蒋明却做不到。当妻子跟他表明自己的这些想法后，蒋明表示自己会有所改变，但直到两人有了孩子以后，蒋明的这种工作狂状态与以前相比也没有什么不同。

　　没有时间陪孩子去学校参加亲子活动，答应孩子周末陪她出去玩也总是爽约，家里的家务似乎成为妻子的专属。蒋明即使在家也总有忙不完的工作，每当妻子要求他一起做家务活时，蒋明总说自己在忙，没时间。妻子多次要求他除非是特别重要的工作，不然不允许将工作带回家，蒋明表示理解妻子的想法，却总是做不到。实际上，蒋明成为名副其实的"甩手掌柜"，蒋明与妻子之间也积累了很多矛盾。而这些矛盾在一件事情过后彻底爆发了。

　　孩子深夜突发的一次高烧，让妻子慌了神。当妻子把孩子急忙送到医院后，孩子高烧仍然不退。在医生的救治下，孩子高烧仍旧反复，妻子心疼又心累。当她打电话给丈夫时，蒋明告诉她自己在忙，但会尽快赶到医院。只是，直到整夜过后，孩子退烧，妻子将孩子带回家时，蒋明却还在公司加班。

　　当蒋明回到家，知晓孩子退烧后，也就没有再说什么了。在他满怀期待告诉妻子他即将升职后，妻子并没有表示开心，而是觉得愤怒。在妻子看来，蒋明对孩子根本不上心，只注重自己的工作与前途，蒋明极力否认，一场大的争吵在两人之间爆发。

分清轻重缓急，才能够有条不紊地处理事情，而不是像一只无头苍蝇乱闯。对于这些事情重要性的判定，最主要的标准为事情的重要度、紧急度。当然，同一件事情在不同时间段的重要性会发生变化。优先处理最重要的事情，并将大量的时间、精力花费在上面，效果才是最优的。

在孩子生病并需要照顾时，蒋明的重心仍旧放在工作上，这不是一个称职的父亲该做的。一味追求事业的成功，不与妻子分担家庭的重任，蒋明也不是一个称职的丈夫。兼顾事业与家庭，不论是对于事业的发展还是家庭的和睦，都有重要意义。懂得平衡工作与家庭，你需要做到以下几方面。

（一）合理安排时间

每个人每天的时间是一定的，但事情却是不确定的。按照事情的轻重缓急来处理，在不同的时间段处理不同的事情，做到有的放矢，收放自如，生活才能有条不紊。

（二）特定时间，关注点有所侧重

事业与生活，抑或工作与家庭，从来不会是对立的关系。懂得把握两者之间的平衡点，在特定的时间段，个人的关注点有所侧重，便可减少两者间的矛盾。

在生活中，没必要将工作与家庭绝对分开。只不过，要懂得找到两者之间的平衡点，继而自由切换，在拼搏事业的同时也能够享受生活。

二、知足常乐，拒绝盲目追逐

常听人说"知足常乐"，可真正能够做到知足的人却很少。在当今社会，我们不可避免地会被很多外在的东西所诱惑，当欲望越大时，人也就越不容易满足。一旦求而不得，便会陷入痛苦之中。

因为艳羡他人的美貌，于是不惜重金去整容；因为垂涎他人的千万财富，于是幻想着一夜暴富，甚至走上违法犯罪的道路。膨胀的欲望，给人带来精神的压力与愁闷的情绪，让人越来越不满足于现状，最终诱使人走上不归路。

当然，并非不懂得知足就完全不利于生活，当我们对所学的知识感到不满足时，这种渴求更多知识的欲望会激发求知欲，从而让我们能够更加努力地去学习，去提升自己。这是追逐欲望的正面作用。

与之相对的是，一个懂得知足的人，也并不意味着他就是不懂上进，不为自己的目标去奋斗。只是我们应该在制定目标时多考虑自身情况，目标定得不要过高，不在虚荣的驱使下，时时苛刻自己，以期实现那些根本不可能实现的欲望。

也许有人会有疑问，那什么是合适的欲望呢？什么又是不当欲望？其实，让你感到痛苦的，让你追求得太累的，让你身心不能和谐统一的，或者是只为满足自己的私欲而有损于他人的，这样的追求便值得我们深思与取舍。

嫉妒强者，看轻弱者，便不是一个知足的人；得意时不忘形，失意时不自弃，便是一种知足。

懂得知足的人，有一定的精神境界，能够看淡尘世的物欲与烦恼，心态是随和的。在这个飞速发展的时代，个人的压力与日俱增，如能控制自己的欲望，以平和的心态对待名利与财富，人生的道路就会顺畅很多。

在当今社会，有的人一夜暴富，有的人一夜成名，有的人年纪轻轻便成为人生赢家。于是，在很多人眼里，成功似乎不那么难以获得。公众号上的鸡汤文，市场上畅销的成功学，日常生活中无处不在的营销广告，都在告诉我们，只要你想，便可以做到，便可以得到。

对物质的不满足与追求，掀起了一股人们对"功成名就"的向往。但如果不能从实际出发，而是任由欲望支配自己的言行，想要笑到最后，只会是一种奢望。

在物流公司上班的欧杰很有上进心，他一毕业便应聘到了公司很有发展前途的部门。欧杰干劲十足，而且因为从事的是自己喜欢的工作，因此他的业绩很好。如果欧杰后来没有辞职，凭着他对这份工作的热情以及能力，升职加薪，甚至身居公司的高位，不过是时间的问题罢了。

不到一年，欧杰便成为公司的骨干。然而，就在他事业正旺的时候，他向家人提出想要辞职去创业的想法。原来，欧杰看到身边不乏创业成功的人，而一旦创业成功，便收入不菲，腰缠万贯。欧杰很羡慕他们，每当看到朋友开着酷炫的跑车而自己只能开着商务车时，说不嫉妒是假的。尽管欧杰目前的收入也不差，但远不能与朋友相比。一方面艳羡创业成功的朋友的潇洒生活，另一方面欧杰觉得自己的能力并不比他们差，因此他决定要辞职创业。

家人虽然对此不理解，但还是无条件支持欧杰，因为家人都相信他会对自己负责。有朋友是开餐饮服务的，欧杰便决定也开餐饮店。辞职的欧杰立刻行动，跑市场，看地盘，向朋友取经，没过多久，欧杰的餐饮店便开张了。

开张前一天，欧杰兴奋得几乎一夜没睡。在家人以及朋友的支持下，开张那天餐饮店热闹无比，一派生意兴隆之景。开张后的数日，由于促销活动，餐饮店的客流量还是可以的。然而不到两周，欧杰的餐饮店便开始呈现冷淡的趋势。原来，尽管欧杰注重并能够保证食品质量，但是他选择的地点还是有些偏僻。由于在餐饮店开张的数日内没能够成功将餐饮店的名气打响，之后自然避免不了生意的冷淡。

欧杰相信自己可以熬过这段日子，让生意重新火爆起来，但是他又觉得要花的时间太多，他不想长久等下去。于是，营业不到一个月的欧杰便将自己的餐饮店盘了出去。

还有些许剩余资金的欧杰不死心，很快又将资金投入到看起来收益不错的网吧上。只是，随着家用电脑的普及，以及对未成年人网吧上网的严厉限制，网吧的生意并没有像欧杰所想象的那么好。

不甘心的欧杰受到双 11 网购节的启发，又开始尝试网店。

开网店需要的资金不是很多，只是，网店何止千万，有特色的也不少，而欧杰没能够悉心经营，数月之后，欧杰放弃了网店。

自己的积蓄花光了，家人资助的钱也花得差不多了。眼看就要血本无归，在一位朋友的鼓吹下，欧杰将剩余的钱投入了股市。只是，欧杰只看到了炒股的高收益，怀着侥幸的心理，无视炒股的高风险。一段时间后，欧杰败光了所有的钱，却没能成为像朋友那样暴富的人。一贫如洗的他，想要重新奋起却陷入茫然，很不甘心却无能为力。

欲望没有止境，不要盲目追求不属于自己的东西。每个人的人生是不一样的，每个人的需求也有所不同，如不能了解自己所擅长的，不能用心感受自己所需，反而将他人的目标强硬嫁接到自己身上，不仅内心得不到满足，人生也不会过得轻松。

如欧杰这般，在欲望的追逐中迷失了自己，折腾一圈之后，反而落得个心酸收场的结果，是得不偿失的。我们每个人的人生都是独一无二的，不贪求于物欲，不沉迷于攀比，才能更好地享受当下，过好自己的一生。然而，懂得知足说起来容易，但做起来却并非易事，但是，你可以尝试：

（一）享受生活中的点滴幸福

幸福，不是比出来的，而是悟出来的。拥有一颗感恩与满足的心，生活处处有惊喜。一份稳定的工作，能够时常陪伴在家人身旁，有自己的兴趣爱好，只要平和心态，懂得克制欲望，这一切便都是幸福。

（二）发现自己的优点

每个人都有自己的优点与长处，我们不应该盲目追随他人的步伐，而是要善于发现自己的独特之处，并凭借自己的能力实现目标。拥有一颗积极向上的心，并不断充实自己的精神世界，学习一道新菜，看一本新书，进行一项运动，懂得释放过度的压力，人生便是富足的。

对已经拥有的感到满足并懂得珍惜，对尚未拥有的，既不安于现状，也不盲目追逐。知可行也知不可行，做自己欲望的主人，便是人生境界的一种升华。

三、不能到达的远方，请停止步伐

　　每个人的心中都有梦想，都有想要到达的远方。当你拼尽全力，走到尽头却发现摆在你面前的是悬崖峭壁时，你是会选择继续前进还是会放弃此路？相信很多人看到这里，都会以为我要告诉你继续坚持，毕竟这世上有那么多的鸡汤都是在告诉我们，只要努力，就没有实现不了的梦想。

　　但事实上，真正的生活却告诉我们，不撞南墙不回头的人并不明智，真正的智者都会选择在被生活逼迫得头破血流之前，就已经懂得及时止损。放弃已经没有路可走的选择，转而择他路而行，也许前方就是弥漫花香的康庄大道。

　　必要的放弃，不是怯懦，不是不够坚定，更不是退缩，而是对自我的清醒认识。真正睿智的人，懂得及时放弃。及时放弃错误的道路，是对自己的成全。

　　当然，放弃也是需要勇气的。因为有所付出，便会有所期待。在已经付出了很多的前提下，想要果断放弃并不容易，更多的人会选择继续坚持。然而在注定失败的结果面前，再多的付出都是毫无意义的。所以，当失败已成定局，勇敢的放弃便是一种洒脱，一种审时度势。

　　人生中有太多需要坚持与放弃的东西，放弃，是一种选择，是一门学问。懂得权衡利弊，放弃人生不能承受之重，才能放空自我，从而更好地重新上路。

畅销书作家叶欣，在一次采访中谈到了梦想这个话题。和很多粉丝所想象的她应该是从小就喜欢写作并梦想成为作家不同，叶欣曾经的梦想跟作家可谓毫无关系。

受爸妈爱唱歌的影响，叶欣从小就对音乐充满了兴趣。高考过后取得理想成绩的她，一心想报考音乐学院当歌手。然而，天公不作美，叶欣其实是一个"音痴"，她乐感不好，唱歌五音不全。尽管如此，叶欣却没有放弃音乐。选专业时，毅然选择了音乐演唱。

经过四年的专业学习，叶欣在音乐方面有了很大提高，但仅限于理论知识与歌唱技巧。在唱歌实践方面，尽管不再五音不全，但她还是会跑调。其实，在一开始老师便指出了叶欣乐感太弱的问题，但叶欣并不觉得这个缺点不能改善。为了培养与增强自己的乐感以及节奏感，叶欣特意去学了很多乐器。

对于叶欣的坚持与努力，指导老师很是欣慰，但还是劝说她考虑转专业，当然也是跟音乐有关的。但叶欣还是拒绝了。老师直言，凭着叶欣的拼劲，如果她能够不走唱歌这条路而选其他任何一条路，做出不凡成就指日可待。但叶欣还是选择坚持自己的梦想。

毕业那一年，叶欣举办了个人的小型演唱会，很是热闹。在她的努力下，也的确签约了一家唱片公司。经过数月的努力，叶欣还是在唱歌方面没有多大进步与成绩，但叶欣愿意为自己的梦想花时间。一年后叶欣依然没有什么名气。不甘心自己的歌曲只被为数不多的人欣赏，叶欣更加用心歌唱。她的努力公司也看在眼里。

一开始，公司领导看中了叶欣的拼劲，也愿意花钱为她包装。可是，在为其花费大量时间与金钱，却没有获得相应的效益，且认识到叶欣唱歌没有太大的特色又缺少一些灵气之后，公司便不肯花什么心血来培养她了。

直到后来，当领导告知她要为她找一个代唱，也就是说让叶欣"假唱"来打响她的名声时，叶欣的心里是极为愤怒的。她直接拒绝了领导的建议，在愤怒之后又是满心的失落。

叶欣回顾了自己这些年来为音乐拼搏的历程，终于感悟不是自己不够努力，而是自己在这一方面真的没有什么天赋。当承认了自己的无能为力后，叶欣感到前所未有的轻松。

在毅然转业后，叶欣发觉了自己在文学与写作方面的天赋，并再次找到了奋斗目标。经过她的努力，不到一年时间，厚积薄发的叶欣便成为畅销书作家。如今已是专职作家的叶欣，回想起当初追寻音乐的那段时光，不过释然一笑。坚持是可贵的，但有时放弃更是值得的。放弃应该放弃的，坚持应该坚持的，在拼搏中静待花开。

并不是每一个梦想都是我们未来人生中唯一的选项，在你拼尽全力尝试后，却依然无法实现的时候，你最应该做的是认真思考这条路究竟是否适合自己。梦想不能实现，并不总是由于努力不够。对于始终到达不了的远方，应该及时停止向前的步伐，转而看看其他道路，选择一条更适合自己的，也许同样可以成功。

当你放弃了，才有重新选择的机会。而当你重新选择了，你才能欣赏不一样的风景。有时放弃是一种痛苦，因为那是对以前付出的否认，同时是对以前选择错误的承认。不过，人生就是在不断出错中成长的，一次、两次，甚至多次的错误选择都不可怕，只要最终做出了正确的选择，那结果便是好的。懂得适时放弃，最终才能够拥有自己想要的。

（一）勇于放弃，敢于选择

轻言放弃的人，是弱者；永不放弃的人，是固执者；懂得适时放弃的人，才是智者。及时放弃该放弃的，才会拥有更多的选择。对于已经拼尽全力却仍然无法实现的，可以先停下脚步，仔细思考，做出分析之后若觉得确实不适合，那么就需要你果断选择放弃了。

（二）对自己有一个清晰的定位

每个人想要得到的有很多，然而并非每个愿望都能得到满足。了解自己，可通过一些心理学测试，更清楚地认识自己，找准位置、调整方向、继续前行。

放弃不是一种软弱，也并非意味着失去。人之一生，既要拿得起，也要放得下，才能在漫漫人生之路中，有更多机会创造属于自己的精彩。

四、活在当下，不盲从未来

生命只有一次，活在当下，不盲目憧憬未来，方能珍惜现在。活在当下的人，不念过去，也不畏将来。过去的事不可追，错过的风景也不再。当一个人沉浸在过去的灾难或者过去的辉煌之中而无法自拔时，便极有可能荒废现在。

时间是不可逆的，一旦失去，便再也找不回来。只有活在当下，才不会因过去的成就而沾沾自喜，故步自封，不思进取；也不会因过去的失误而悔恨不已，消极度日，颓废自我；更不会因心忧未来，或自负而一意孤行，或自卑而不敢向前。

活在当下，是一种真实。一个敢于活在当下的人，是一个敢于对过去取舍的人，也是一个敢于接纳遗憾的人。人的一生中难免会遭遇挫折与困难，当下的自己，可能并不完美，但却是最真实的，也是你唯一可以在现在就做出改变的。

生活中总会有些人不能脚踏实地地活在当下。他们会因为过去的成绩而自满、得意，无法静心好好经营自己。有的人走不出过去的阴影，或者跳不出过去的深渊，便看不到当下的精彩，更看不到未来的希望。总是活在回忆里的人，是无法拥有明朗的未来的。

而那些盲目憧憬未来的人，则很容易迷失自己。没有当下的耕耘，却只想得到未来的果实，无异于痴人说梦。当然，不盲目憧憬未来，并不是说对未来没有任何计划，而是要有计划，但不要过多思虑可能的结果。如此，便可减少自己当下的心理负担与压力。

当然，过去、当下与未来之间，并没有严格的界限。在时间上，三者是被分隔开的，然而在内容上，三者又是紧密联系的。过去必定会影响当下，而当下所做出的决定，必定会影响未来。同时，对过去的反思以及对未来的构想，同样会影响当下的抉择。

但是，一个人所能把握与掌控的只有现在。因此，把握当下，充实当下的生活，完善当下的自己，才能够拥有更好的未来。

院子里有个名校毕业的大学生方可，他从小便是父母口中的别人家的孩子。单从成绩方面来说，他的人生就像开挂了一样。从小学、初中到高中，他的成绩总是名列前茅。在高考中，方可轻易取得了理想的成绩。大学四年时光，方可获得的奖项无数，之后更是成功保研。

研究生顺利毕业以后，方可没有再继续深造读博。在他看来，再花三年或者更长的时间在学校里不是他想要的，比起学习，他可以让这三年利用得更有价值。且对于知识的储备，方可觉得已经足够，而且他也可以自学。对于现在的他来说，急切需要的是社会实践。

在这个快速发展的时代，三年的时间足够一个人做许多事情，干出一番大事也不无可能。方可的父母，其实是希望他去读博的，最好在科研方面有所贡献。但由于方可的坚持，相信他能力的父母也就选择支持他的决定。

对于方可不再深造的这个决定，方可的导师是不认同的。方可的专业本来就是文科性质的，十分注重知识的储备，再花个三四年学习无可厚非。且在导师看来，方可在科研方面是有一些天赋的。如果他能够静下心来继续学习，在不久的将来，方可定能在相关领域取得一些成就。对于导师的这一推心置腹之言，方可有所思考，但最终还是选择进入社会。

凭着在学校的优异成绩与自信表现，方可如愿应聘进了一家大公司。踌躇满志的方可对工作充满了热情，并对美好的未来生活抱有很大的期望。只是，一个月的实习期刚过，方可便选择了辞职。凭着一大堆荣誉证书与出色口才，方可很快便找到了第二份工作。但是不满三个月，方可仍旧选择了辞职。爸妈不能理解方可的所作所为，但为了不给他压力，还是没有说什么。只是当方可的第三份工作不满半年便结束了之后，他们终于做不到淡定了。

然而，在爸妈还没有对方可说些什么时，方可便回到了家，没有再出去找工作。除了吃饭，方可几乎一整天都待在自己房间。实际上，方可并非颓丧或偷懒，躲在房间里的他一直在为自己的未来而忙活。

接连数天都是如此，爸妈当然有些担心，便找了个时间跟方可谈心。方可让他们别担心，并告诉他们，之前的三份工作他都尝试过了，太过烦琐，没有什么技术含量，不是他想要的。他觉得凭着自己的才能，不需要从基层做起也是可以干一番大事业的。而他现在在家里，并不是在浪费时间，而是一直在分析要从事怎样的工作才能不浪费自己的才干与时间，继而在事业上取得成功。爸妈虽然不太认同方可的观念，但也没有再说什么来打击他。

　　只不过，在那之后的很长一段时间里，方可一直处于纸上谈兵的状态。时间是不等人的，转瞬间便会消逝。毕业已有一年，在这段说长不长说短不短的时间里，方可做了大量的数据与理论分析。只是，他还是未能找到自己心仪的工作。当知晓同一年毕业的同学都在工作上小有成就后，一直止步不前的方可更增添了一份焦躁之感。

　　只是，方可依然陷于自己的思维定式之中，把未来想象得太过美好，却不肯脚踏实地于当下，总是妄想一步登天。迫于压力，在之后的日子里，方可也会去尝试一些工作，但都做不长久。不是因为没有遇到伯乐，也不是因为他的能力不能胜任工作，仅仅是因为方可没有将生活的重点放在当下，却习惯把对美好未来的想象当成现实。而现实与理想的落差，又导致他不甘于现状，未来又太过遥远。由此，方可陷入了一种恶性循环之中。

　　如果方可不能跳出原有思维的束缚，不能在立足当下的基础上放眼未来，在之后的日子里，方可极有可能一事无成。

　　不能重来的是过去，难以估量的是未来，唯有现在，是我们可以把握的。不能够活在当下的方可，对未来的憧憬过于盲目，以致生活在焦虑与彷徨之中，得不到宁静与欢乐。方可忘却了当下的准备，任由思绪飘向不可控的未来，一心想着未来，却注定一事无成。

　　当下的自己，才是真实的自己；当下自己的内心感受，更值得注重。善于经营当下，才能瞩目未来。

（一）立足当下，规划未来

美好未来的实现，关键在于当下的规划。鉴于当下的情况，制作一个具体的人生规划表，并实践于当下。在实践过程中适时调整，随机应变。如此既享受了当下，又可创造未来。

（二）接纳自己，改变自己

被他人的观点所捆绑，太过在意他人的评价，往往会束缚自己的手脚，不利于真实自我的表现。当下的自己，才是最真实的自己，要想有所改变，首先要接纳当下的自己，继而改正缺点，发扬优点，成为更好的自己。

立足于当下，不遗憾于过去，不迷茫于未来，才是对自己的人生负责，才能不负当下。

五、在拼搏中享受岁月静好

经典电影《功夫足球》中有一句台词：人若没有梦想，跟咸鱼有何区别？一个人要有梦想，人生才会有动力，才不致辜负这短暂又珍贵的一生。

梦想的实现，注定需要我们的努力拼搏。因此，当提到岁月静好时，便会有人觉得，这是一种消极的乐观，在应该拼搏奋斗的年纪，却渴望享受安然，这样的做法是不对的。所以，人们常常习惯将岁月静好与拼搏对立起来。

然而，岁月静好并不等同于不拼搏。岁月安然与静好的实现，也是需要个人去奋斗，去拼搏的，是需要个人能力来作为保障的。所谓岁月静好，是你在努力过后，享受片刻的宁静，放空有些疲劳的身体和内心。

在拼搏中享受岁月静好，是一种惬意的生活姿态。是在始终坚持自己的理想的同时，能够安心享受每一次旅行，陶醉于每一本好书，沉醉于一杯茶、一抹阳光、一片叶子，"闲看庭前花开花落，坐拥天外云卷云舒"。用心感受生活的点滴，于闲暇时愉悦自己的身心，既享受了生活的安适，又能以一种充满活力的状态去实现自己的目标。

能够在拼搏中享受岁月静好，不失为一种理想的人生状态，一种工作与生活的平衡。而且，岁月静好并不意味着人生必然是一帆风顺的。无风无浪、没有挫折与困难的人生是不存在的。顺境时淡然，逆境时释然，可以塑造一个人的强大灵魂。如此，即使在拼搏中遭受到大风大浪，即使在奋斗中遭受到挫折，也能够做到宠辱不惊，将岁月过成诗。

作为一个年轻人，能够在拼搏中享受岁月静好，是一种追求，一种境界，也是一种圆满。本科毕业后的澄清，拒绝了家里为她安排的工作，毅然选择去西藏支教。

其实，在很多教育者心中都有过支教的想法，去一个偏远的小山村，给那儿的孩子带去知识，播下希望的种子，贡献自己的薄绵之力。然而，在现实生活的压力下，想法仅仅是想法，支教的心愿并不一定会付之于实践。毕竟，去偏远的地方支教，条件必然是艰苦的，教学设施也将会是简陋的。而且，由于孩子们在学习方面的基础薄弱，传授给他们知识可能会比想象中的更艰难。再者，在择业过程中，父母肯定会由于心疼自己的儿女而不愿意孩子去一个偏远的地方任教。

同样，澄清的支教想法也被她爸妈否定了。但是，因为澄清对教育的一颗赤子之心，以及相信女儿有保护好自己的能力，尽管爸妈心里不愿意，但最终还是妥协了。父母选择了放手，让女儿更好地成长。

尽管来之前澄清已经做好了心理准备，可现实的困境还是超出了她的意料。一开始由于严重的水土不服而生病，简陋的学校环境，偏远地方生活的不便利，语言不通导致的交流困难……这些难题都摆在了澄清的面前。

　　凭着对支教的热情与毅力，澄清相信自己可以解决任何问题，克服任何困难。待澄清度过了一段艰难的时光后，便习惯了西藏的生活。虽然会想念远方的家人与朋友，偶尔也会感到孤单与无助，但澄清并不后悔自己的选择。

　　二十几岁，如花的年纪，澄清将自己的美好岁月贡献给了支教这件事。在这个小山村，从水土不服到入乡随俗，静谧的山庄、湛蓝的天空，还有夜晚缀满星辰的夜空，都让澄清觉得满足与安心。三年时间，说长不长，说短不短，澄清送走了自己的第一批高中学生。看到他们考上大学，走向祖国各地，澄清的内心是激动的，也是满足的。

　　又是一个三年，澄清所带的学生再次考取了优良的成绩。澄清没有辜负自己的心愿，幸运的是，学生也没有辜负澄清的付出。

　　由于澄清在教学成绩上突出，以及崇高的职业信仰，她的事迹很快得到了媒体的关注。众人被澄清的勇气与爱心所感动，被她的教学能力所折服。支教的第七年，由于爸妈的坚持，澄清结束了自己的支教生涯。小有名气的澄清获得了很多大城市教育单位所抛送的橄榄枝，不论是从待遇还是以后的发展来看，澄清都没理由拒绝大城市的挽留。但是，澄清最终放弃了繁华的大城市生活，选择回到自己家乡的小县城，以期为家乡的教育事业做贡献。澄清的选择再次得到了爸妈的理解与支持。

　　在最好的年纪，为自己的理想去拼搏，而不是一味追求物质满足或者生活享乐，这样的人，即使其生活暂时窘迫，但精神上却是富足的。澄清用自己的行动升华了自己的人格。无论是居于繁华之地还是偏僻小镇，澄清都能够做到保持本真，内心都足够强大。

也许有人会说，在当今这个竞争激烈的社会，一旦紧绷的神经有所松懈，便可能落后于他人，便可能失败。其实，当我们太过在意结果时，结果往往会事与愿违。懂得享受过程，并如澄清般跟随心走，即使最终的结果不甚如己意，也于拼搏的过程中获得了很多。岁月静好，无关乎于职业、年龄与栖居地。当然，拼搏需要自己坚持，静好需要自己创造，想要做到在拼搏中依然静好，你可以做到下面几方面。

（一）有追求的人生不虚度

人生不过百年，不放纵自己，也不糊涂度日，才能对得起自己。有自己的目标，才不会感到空虚。坚持自己的信念，走自己的路，方不虚度此生。

（二）充实精神世界，从容处世

精神世界充实的人，不会被生活磨去棱角，不会被世俗所束缚。多看书、多感悟、多思索，做一个有思想的人，才能淡然处世。

当拥有了强大的灵魂，一边步履匆匆，一边"及时行乐"，生活就会趣意盎然。

六、完美宛若镜中月，缺憾方显真实

凡事追求完美，渴望拥有一个十全十美的人生，这是一种理想主义。一个追求完美的人，无论对自己还是对他人，都会有很高的、甚至是苛刻的要求。

于个人而言，追求完美，有一定的积极影响。对自己的高要求，会激发个人的动力，促使个人的进步，使人改正自己的缺点与不足。这样一种严于律己的精神，会不断激励、鞭策自己，让自己有克服困难的勇气，更好地发展事业与创造人生。

然而，过度的追求完美，或者说苛求完美，则会给人的身心带来伤害。因为只要是人，便不会没有缺点，便不会不犯错。对于凡事苛求完美的人来说，有缺点，犯错误这绝对是不被允许的。当心理预期过高，便会接受不了理想与现实的落差。一旦受挫，便会怀疑自己、质疑自己，甚至因不能达到预期目标而崩溃。

苛求完美的人，当对自己的样貌、身材等感到不满时，便可能陷入一种自卑之中，而要想有所改变，就可能走上不断整容之路。这类人一旦追求工作上的完美，便会畏首畏尾，担心出错而不敢行动，这不但会降低工作效率，也不利于个人事业的发展。而以完美的标准对待他人，便容易看到旁人的缺点与短处，也容易滋生出不满与抱怨的情绪，严重影响个人的人际关系。

其实，完美本身便是一种求而不得，便是一种不完美。求而不得，便会产生疲惫之感，生活也会缺少满足与欢乐。如果执着于对十全十美的追求，便无法拥有一颗包容的心，一颗谦逊的心，一颗强大的心。"玉有瑕，方显其美"，有缺憾的人生，才是真实的人生。一个成熟睿智的人，能够接受事情的不完美，也能全面看待事情，以平和的心态和客观的角度来评判事物。

苏荷，对凡事都追求完美。在她看来，但凡是有瑕疵的物品，或者是有缺憾的事情都不能接受。这种凡事追求完美的性格明显带有强迫症的特点，苏荷如不能处理好理想与现实的关系，她便会因求而不得而沮丧却又无能为力。

不管是对其他的人或事，苏荷都力求完美。毕业后的她开始找工作，在她看来，如果不能找到一份各方面都符合自己心意的工作，那还不如不工作，不然就是委屈自己。在毕业后的很长一段时间里，苏荷都处于要么在面试中，要么在去面试的路上这一状态。并不是苏荷的能力不强；相反，单从工作方面来说，苏荷的综合能力是极强的。但是，苏荷的目的是要找一份完全符合自己要求、达到自己理想标准的工作，这就不是一件易事了。

在找工作时，苏荷要么嫌弃工作的待遇不高，要么嫌弃事业的发展前途不好，要么嫌弃公司的氛围不合她的心意，要么嫌弃公司的办公环境不赏心悦目。总之，苏荷总能找到不满意的地方，而且，但凡是有让她不满意的点，苏荷就无论如何也不接受。当然，应聘进了各方面都符合苏荷要求的大公司，她还是做不长久。因为在工作一段时间以后，苏荷便会发现所从事的工作并没有想象中的那么完美，于是便断然辞职。

　　强调个性发展的当今社会，让苏荷有了底气去保持自己的个性。不断找寻，不断辞职，如此循环，以期望找到完全符合自己心意的工作。然而，现实告诉苏荷，再好的工作也有不完美。但苏荷并不肯屈服，遭遇曲折的她坚定认为，既然她不能改变这个世界，那么她也不会让这个世界来改变她。

　　同样，在感情方面，苏荷仍然是一个追求完美的人。其实，在大学期间，苏荷谈过一个男朋友。男方是很多女生心目中的白马王子，阳光、帅气，个人能力也强。当然苏荷各方面也不错，两人可谓是一对璧人。只是，苏荷在与他交往一段时间后便主动提出了分手，因为她发现男方并没有她想象中的那么完美。之后，样貌姣好、身材苗条的苏荷陆陆续续接触过几个男生，但最终还是没能与其走入婚姻的殿堂。

　　所谓当局者迷、旁观者清，旁人都看到了这一关键点，并试图劝说苏荷适当降低某些方面的条件，不能苛刻，但苏荷还是坚持自己的想法。其实，苏荷不知道的是，她的这种追求完美人生的想法，本身便是一种不完美。因为在追求完美的过程之中，苏荷必定会付出代价，失去很多。更为重要的是，最终的结果并不会如苏荷所期望的那样完美，只因为完美的人或事是不存在的。而有所缺憾，才是最真实的人生。倘若苏荷不能及时醒悟，那她之后的人生还将会是继续深陷沉浮之中，不得安稳。

　　"万物皆有裂痕，那是光进来的地方"。世界不够完美，所以才会有发展变化。当敢于承认人生不会尽如人意，敢于正视生活中的缺憾时，个人的内心才足够强大，才不会被"完美"所绑架，才不会轻易被情绪左右。能够接受"不完美"，才有面对困难的勇气，才能不畏挫折，敢于挑战自我。抛弃"完美主义"，你需要做到以下几方面。

（一）不过度纠结细节，不逃避问题

太过追求细节，极有可能"捡了芝麻、丢了西瓜"。遇事从大局出发，培养自己的大局观，成为格局大的人。且在遇到问题时，要直面问题，注重实践，从实践中寻求问题的解决方法，通过实践来完善自己的理念。

（二）平衡优缺点，正面看待问题

我们应该对自我有一个清晰的认知，立足自己的长处，接纳自己的不足。不断改变自我，提高自我，并摆正自己的心态，减少负面看法。

人生是一个不断追求的过程，随着时代的飞速发展，个人的追求也在不断提高。在这个追求的过程中，只有敢于直面现实的惨淡与人生的不完美，实事求是才能收获更多。

七、心有信念，脚步稳健

有信念的人，不惧困难。

人生不如意之事十之八九。当遭遇挫折时，心有信念的人，会把困难当作挑战，敢于直面挫折并积极寻求方法来解决。在当今这个快速发展的时代，人们的压力与日俱增。在这样一种强压下，身与心更易感疲惫。但如果心怀信念，有自己的追求并始终坚持，即使身体乏了，精神也不会倦怠。

身体的累，可以经过短暂的休息来复原，而一旦凡事都打不起精神，对生活失去了热情，丧失了个人的信念，人生便会变得无趣。

没有信仰的人生，是空虚寂寞的，是无所事事的。因此，要充实自己的人生，需要有所追求，有所付出，继而实现个人的价值。即使再苦再累，也累并快乐着。坚持个人的信念，并不仅仅是为了在事业上获得一番成就，在物质上得到满足，更多的则是为了实现自我价值，找寻人生的真谛。

不过，坚定理想信念，说起来很容易，但实践起来却并非易事。当你一心求学，立下远大志向，却被成堆要看的书本所困扰；当你鼓足勇气，立志创业，却受困于资金问题而苦恼……对于此时的你来说，退缩成为最容易的事。然而，一旦放弃，之前的努力便前功尽弃了。如果没有信念，便做不到坚持，那么理想就永远是理想，没有实现的那一天。

身边总有这样一类人，他们整天像打了"鸡血"一样，精力时刻旺盛，行动力十足。他们对工作充满激情，对生活充满热情，旁人可以从他们的身上感受到强烈的乐观情绪与积极向上的冲劲。在他们的实践过程中，困难、麻烦、挫折，似乎什么都无法难倒他们，也没有什么可以阻挡他们前进的步伐。

但事实上，每个人都会感到疲劳，每个人的生活与工作都不可能一帆风顺。对于这一类人来说，他们不是感觉不到累，也不是没有遇到过棘手的事，他们之所以能做到这样，不过是多了一份信念。

因为有信念，他们便有了明确的目标和切实可行的计划，并能积极落实自己的计划。他们的这种坚持，便是将信念融入到了工作之中。于是，迎难而上并坚持不懈，成为他们人生道路的指向标。

张宁跟张斌是一对双胞胎，长得非常像。就连家里人，偶尔也会分不清他们二人。但事实上，这两个人的性格完全不同。

张宁是一个实干家，非常注重实践。一旦有什么想法便会勇于尝试，也乐于尝试，即使最后不成功，他也觉得自己获得了某些经验。与张宁相似的是，张斌也时常有很多好的点子，但是张斌更注重的是点子可实现的概率。一旦他觉得想法不能百分之百成为现实，或者最后不可能获得圆满成功，张斌便拒绝行动。换句话说，张斌只肯做有百分之百把握的事。但在现实生活中，有十足把握的事情真的太少了。不可否认的是，现实中总会有或多或少的不可控因素导致我们的计划失败。

在父母退休后，张宁与张斌两人共同接管了父母留下的一个作坊。作坊主要是生产一些小玩具。作坊的空间较大，生产的玩具也较多，但由于作坊的位置较偏，所以生意一般。玩具的出售渠道是特定的，也就是说作坊是根据商家的订单来进行生产的。当张斌提出要拓宽销售渠道的建议后，张宁也是赞同的。

有想法便行动，根据张宁对玩具销售市场的调查，他发现自家作坊所生产的玩具种类与质量都不比市面上的差，甚至由于地段便宜降低了玩具的生产成本，这算是一大优势。兄弟俩商量了一下，一致认同除了接商家的订单，他们其实可以把生产的玩具直接拿到市场上去销售，薄利多销。

这是一个好商机，张宁与张斌开始思索以一种怎样的方式来出售自家生产的玩具，且更好地发挥自家产品的优势。张斌提出可以把作坊空出的大部分空间设计成一个游乐场，将玩具展览与娱乐相结合，这样当家长带着小孩来游乐场游玩的时候就会自然而然地看到玩具产品，如果小孩喜欢展览的玩具，家长便可能会购买。兄弟俩觉得这个方法可行，便开始行动。

由于要将作坊装饰成玩具游乐城，这不但需要时间，而且需要较多的费用。虽然这个点子是张斌首先提出来的，但张斌在提出之后便觉得场子的装修很麻烦，费时费力，而且万一之后收益不好就白忙活了，投入的资金也打水漂了。当张斌提出自己要退出这个项目后，张宁答应了张斌的条件。张宁给了张斌一笔钱，之后作坊就属于张宁一个人了。在装修的过程中，当费用不够时，张宁果断选择了贷款。他觉得，既然计划可行，那么只要不放弃，熬过最初的阶段，就一定能有丰厚的回报。果然，不到半年，张宁的作坊便成为本市最大的游乐城，当地人纷纷慕名而去。由于设施齐全、服务周到，游乐城很快就有了良好的收益。不到一年，张宁就还清了贷款，没多久又有了更好的收益。张斌看到张宁的成就羡慕不已，却只能悔不当初。

　　拥有信念，便拥有强大的支撑力，让你能够渡过难关、绝处逢生。有信念的人，会坚定自己的想法，也更有自信。张宁是一个有自己想法与目标的人，并将个人信念与生活相结合，克服了一切困难，并走向了成功。心怀信念，才不畏选择，前行的步伐才更为稳健。

（一）将信念付之于实践，敢于选择

　　成就都是奋斗出来的，坚定自己的信念，并以信念为动力，激发个人的热情与行动力，在实践中升华信念。同时，遇事当机立断，勇于选择，不浪费时间与精力于选择这件事上，是成功的第一步。

（二）增强受挫能力，相信自己

　　一个人承受能力的强弱与其人生的成就是成正相关的。直面问题，遇事多问怎么办而非为什么，积极找寻对策并坚定自己的想法，在实践中锻炼并提高自身素质。

　　拥有信念，更能明白人生的意义与方向，不惧艰难险阻，成就自我。我们应该将信念融入现实生活中，化作无坚不摧的力量，为自己的人生保驾护航。

八、行动前多思考，化被动为主动

有很多人觉得，只有懂得先发制人，最早掌握话语权，获取成功的机会才会更大。比如当很多人想要过河，却发现只有一座独木桥时，第一个踏上独木桥的人，在速度相同的情况下，也必然会是第一个到达终点的人。在这种情况下，第一个抢占先机的人，便注定是最先获得成功的人。

然而，你是否想过会有另外一种情况发生呢？在我们的面前有一座独木桥没错，但谁又说在岸边就一定不会停着一艘船呢？如果在过河前，能够花一点时间来观察和思考，而不是一味地朝拥挤的独木桥蜂拥而上，那么你很可能会注意到比起那推搡拥堵，随时都有可能失足落水的独木桥来说，乘坐小船过河才是更佳选择。

由此看来，做事前懂得先思考后行动的人，往往同样能够成功，甚至获得更高的效率。在行动前多思考，在行动后多总结，化被动为主动，即使比他人慢一步开始，也可以掌握先机，笑到最后。

朋友圈曾盛行过这样一张图片与配图文字：成功的道路并不拥挤，只是你选择了安逸。这幅图片主要讲的是，在生活中大多数人往上走时会选择省力的电梯，而不愿意选择走楼梯，尽管电梯极度拥挤而楼梯空旷无人。对大多数人来说，先行动后思考已成为一种惯性，更为确切地说，是急于行动而懒于思考。

然而，要想掌握话语权，或者说要想化被动为主动，在有所行动之前停下来思考片刻，选择一条更合适、更便利的道路，继而加快速度，朝目的地奔去才是更正确的选择。

刚出校园的文文，在经历四年大学生活后，社会阅历不足，没有精深的专业知识。面对几百万高校毕业生的求职竞争，她不无焦虑。但生活就像一股洪流，推着你朝前走，且不能够回头。快7月的时候，一家公司的人力专员给文文打了面试电话，邀请她三日后前往公司面谈。文文很激动，却在忙碌中把这件事情给忘了。幸好这次面试是初面，且文文找了一个合理的理由来解释自己的缺席。面试官表示谅解，在了解文文的基本情况以及求职意向之后，就再次约了第二次面试。

了解到面试的形式为无领导小组讨论，由于之前没有接触过这一类型的面试，文文开始查找无领导小组面试的技巧与要领，还写了小便签提醒自己在哪个环节要注意什么。第二次面试当天，文文看了看其他几位面试者，心里有些压力。随后，考官分发了谈论题目，并要求按流程作答。

文文大致记得题目如下：如果给你20万日常行政经费，需要完成以下几项工作：（1）公司会议厅比较破旧，影响公司形象，需要修整；（2）同事小王因公生病，工伤赔款之后仍需大笔医疗费用；（3）公司各部门对通话、网速质量要求增强，需改进公司电话、座机、网络情况；（4）中秋即将来临，员工福利需要发放。如何能够把几件事情都处理得完满呢？

有些紧张的文文，将之前准备的无领导面试知识都忘记得差不多了。看到其他应聘者们都忙着表现自己，迫不及待地表达自己的观点，文文也有些按捺不住了。但是文文转念一想，决定面试成绩的并非谁发言得早，也并非谁说得多。在听了其他应聘者的言论后，文文发现他们所说的和自己在网上找的模板相类似。于是思考过后的文文决定不按照自己先前准备的模板来回答问题，否则没有太大的特色，并不能胜出。

认真思考过后的文文想到该公司是要盈利的而不是公益组织，那么她所要抓住的关键点就是怎么用最少的钱办出最漂亮的事情。文文抛出这一论点，并开始慢慢引导大家去思考，一步一步去分配、落实、制订计划，然后统一了意见呈给考官。最终，文文打败其他竞争对手，应聘上了这个职位。

看似慢他人一步的文文，最终却获得了胜利，看似有些不合常理，实则却是必然的。文文做到了行动前多思考，在抓住关键问题后迅速切入主题，一招制胜。

在工作和生活中，快速行动是处理事情必不可少的环节，有了行动整个方案才有可能的结果。但是在行动之前，需要我们多思考、多总结。思索过后的行动富有灵魂，是圆满结局的导向灯。

比如在高中学习的时候，九门学科知识每天向你灌来，在投入精力之前，就该先考虑学科性质、时间分配、自身学习能力等等，继而化被动为主动，按照个人实际情况来进行安排，结果必然不会让人失望。

先思考再行动，化解被动局面，你可以：

（一）打破惯性思维，克服人性的弱点

要做到先思考后行动，便要打破人的一种惯性思维或者克服人的惰性。具体而言，可以通过尝试一些如密室逃脱的游戏来训练自己打破思维惯性、善于排除干扰信息的能力。

（二）培养个人的格局观，扬长避短

格局观大的人，善于跳出当时的束缚，将不利的劣势转换为可以为我所用的优势。我们不应该被生活中的琐事所纠缠，把目光放长远一点，发挥个人的优点而规避缺点。

（三）做到人无我有、人有我优、人优我特

在平常的生活中，注重总结经验，在关键时刻利用知识储备，彰显自己的特点，无疑会让他人眼前一亮，既而获得旁人的注意。

有思考力的人，拥有全世界。善于思考的人，更能化被动为主动，掌握行动的有利时机，继而高效实现目标。

九、敢于尝试，感受新体验

这个世界有多精彩纷呈，你知道吗？

也许你能想象到，这世界上正有一个人在过着你曾梦想着的人生，但你却因为囿于眼前的一切而不敢迈出脚步走出现在的生活，走向更加精彩纷呈的远方。但我想告诉你，只有敢于尝试、敢于冒险的人，才能获得更多的机会，才更有可能实现自己的梦想，体验不一样的人生。

只是在现实生活中，有太多人对未能掌控的未知存在恐惧，不敢尝试挑战自我，不敢拥抱新鲜事物，也不敢走出自己熟悉的舒适圈，只能原地踏步，安于现状。

在这个日新月异的当下，只有不断超越过去，不断体验新事物，不断创新，才能不落后于时代的步伐。而个人的不断成长与发展，更加需要新知识的吸收与新体验的获得。

内向的蓉蓉从小在爷爷、奶奶身边长大，因父母常年在外打工，蓉蓉缺乏父爱母爱的陪伴。工作之后的蓉蓉，也因童年的孤独而习惯一个人独自生活，一个人逛街，一个人吃饭，一个人看电影。独自安静的在房间里待着，是蓉蓉最喜欢的自处模式。当然，蓉蓉也有一个小小的朋友圈，就是公司里的两三个同事。但蓉蓉跟他们也只是偶尔说说话，并不亲近。

蓉蓉不愿意认识新的朋友，也不愿意换工作，因为她做不到适应新环境。甚至，蓉蓉逛街、吃饭也只会选择吃过的那些美食，衣服也只尝试常规的款式。当然，蓉蓉也没有男朋友。其实容貌秀丽的蓉蓉不乏追求者，只是因为她不想走出自己的圈子，去认识、熟悉一个新人，所以蓉蓉拒绝了所有的追求者。

不过，蓉蓉的这种拒绝一切新事物的心理在一次事故之后开始有了调整。冬天的一个早上，天还黑着，上早班的蓉蓉走在路上时与迎面而来的一辆摩托车撞上了，蓉蓉的脚骨折了。骑车的小伙子也十分着急，载着蓉蓉一路狂奔到医院，而且一路上都悉心照顾着蓉蓉的感受。从医院回来的蓉蓉，由于行动不便，有半个多月不能去上班，也没法买菜做饭，于是肇事的小伙子主动承担起了照顾蓉蓉的任务。

小伙子每天又是买菜又是做饭的贴心照顾着蓉蓉。一开始蓉蓉是拒绝小伙子接近的，只是迫于现实而无奈接受他对自己的照顾。久而久之，小伙子的闯入让蓉蓉的心中有一股暖流在流淌，那是一种全新的情感体验。习惯把自己武装起来的蓉蓉发现，原来微微甜甜的暖意竟然如此特别，让她感到幸福。蓉蓉被小伙子的真诚打动，最终走出了自己的禁锢圈，开始努力去接纳新的情感，最后也与小伙子走到了一起。

每个人都有自己的舒适圈，也存在与外界隔绝的小世界。在这个小世界里，独自一人躺里面，自在并让人沉迷。但是人生才短短几十年，太过禁锢自我，最终会失去很多可能的精彩。

平凡的我们，应该趁身体健康、精神良好时去努力奔跑，去尝试新的东西，去感受未知的世界，甚至去拥抱不一样的生活。等到我们年纪大了，再回忆起自己在这世界上的一番经历，如果能够由衷地发出一声满意的感慨，那便真的是一生无憾了。

敢于尝试，敢于创造，人生必然精彩。如何才能做到呢？你可以尝试以下几方面。

（一）突破自我束缚，重视并接受新体验

改变或许是痛苦的，但不改变就可能错失机会。对于一些从未接触过的事物，克制畏惧与排斥心理，鼓舞自己去尝试。在这个改变的过程中，可自我设置奖励机制，以此激发自己的冲劲。

（二）明确事物的两面性，做好心理准备

任何事情都具有两面性，任何决定都可能产生不同的结果。这就需要我们在尝试新事物前，在心里有所准备，即对体验新事物的可能结果做一个自我估量与分析，从而减少尝试的阻力。

敢于尝试，敢于突破，才能够抓住机会，不断进步，不断成长。

第四章

学会管理时间，才能事半功倍

有的人整天忙忙碌碌，却一事无成；有的人看似悠闲，却成就非凡。究其原因，关键在于个人对时间的管理不同。管理时间就是管理自己的人生。一味追求快，往往会适得其反。只有当你懂得时间管理，重视时间的价值而非速度，做到有效利用时间，才能事半功倍，人生才能绚烂多彩。

一、比懒惰更可怕的，是低效的勤奋

　　懒惰的人，很少有将生活过得有滋有味的，而低效率却又伪装勤奋的人，也很难将人生活得精彩，因为生活不会陪你演戏。

　　我们都知道，懒惰很可怕，一个人如果整天游手好闲，什么都不做，那么他未来的人生将会怎样不堪可想而知。然而，这世上其实还有比懒惰更让我们担忧的，那就是低效率的勤奋。

　　虽然看似每天都在忙碌，但如果努力的方向不对，无疑都是在做无用功。如果效率低下，那么花费再多的时间所完成的事情也不过是和别人用一部分时间所完成的相同。无论是在工作还是在生活中，事倍功半，都是不可取的。

　　如果你每天都在很努力地学习，然而结果却是，你的期末考试成绩和那些平时都在玩，只在考试前一周才开始复习的同学的成绩一样，你是否应该考虑一下，自己的学习方法正确吗？如果你每天都在很努力地工作，永远都在加班，但绩效却赶不上其他人，你是否应该思考一下，自己的效率为什么这么低？

　　你确实很勤奋，但不得不说的是，你的勤奋实在很低效。这样不仅耗费了大量时间，还麻痹了你自己，让你陷入一种"我很勤奋"的假象之中。但事实上，你并没有找对方法，真正提高效率。这样一种假勤奋，无疑会给个人的工作和学习带来消极的影响。

但凡见过关怀的人，没有人觉得他是一个不勤奋的人。关怀的日常生活可以用两点一线来概括，要么在工作之中，要么在去工作的路上。

　　毋庸置疑，关怀是每天最早来到公司的人。待公司其他人陆陆续续到来以后，关怀早已进入工作状态。在同事的赞叹声中，关怀在办公椅上一坐就是一上午。公司明明有时事也不是很多，但关怀却总是处于一种忙碌状态。关怀拒绝了所有的娱乐活动，问起理由，答案永远是要工作，没时间。而实际上，关怀确实时刻在忙。因此，他的缺席也得到了同事们的谅解。

　　有时是领导指定的聚会，必须出席的关怀一得空便拿出随时准备好的笔记本电脑，随时随地办公。只是，关怀的工作狂状态并没有促使他在事业上风生水起。对于关怀的勤奋，大家是有目共睹的。但是，与关怀同时进公司，或者在他之后进公司的员工，一段时间后都在职位上有所调动，有的升职了，有的虽然是平级调动，但调到了更好、更有前途的部门。唯有关怀一人，一直处于原职。关怀也会不平，他自认为对工作是尽职尽责的。

　　一次，与关怀同部门的一个新员工很快便升职加薪了，这对关怀的打击有些大。关怀找到了自己的直接上司讨说法。上司听完了关怀的牢骚，待关怀冷静下来，便开始为其解惑。上司首先肯定了关怀这么多年来为公司所做出的贡献。对于关怀兢兢业业的工作态度，愿意花费大量时间在工作上，上司给予了赞赏。然而，当上司指出关怀其实并没有他自己认为的那样优秀并道出理由后，关怀是无力辩驳的。

　　原来，在工作时，关怀经常一遇到问题便喜欢刨根问底。虽然这种精神很可贵，但关怀并不懂得适可而止。于是便出现了这样一种情况，在一件事还没做完的时候，关怀有了疑问，便会停下手头工作去解决疑问。而在解决疑问的过程中，又可能遇到新的问题，关怀又得花费时间精力去解开新的疑惑。在解决新的问题的过程中，又会出现许多新问题。由此，关怀陷入一种找答案的循环之中。而他本应该完成的工作却被丢在了一旁，不得不以加班的方式来完成。

再者，关怀又是一个热心肠的人，他根本不懂得拒绝别人。这样一种老好人的性格导致他在工作中经常放下自己尚未完成的工作便去帮助同事。自己的工作断断续续，最终的效果必然不会很好。除了要完成自己的工作，关怀还要帮助诸多同事解决所遇到的突发问题，这样就导致关怀总处于一种忙碌的状态之中。这样一种低效的忙碌，关怀只得以消耗大量工作时间以外的时间来弥补。

谈话的最后，上司直接指出，如果关怀不能在之后的工作中改变这样一种低效勤奋，不要说升职无望，一旦跟不上公司的进度，关怀绝对会为自己的低效率付出代价。

在这个信息化时代，在朋友圈分享自己的生活，勤奋是一个永不褪色的主题。朋友圈的勤奋，往往是直接跟忙碌挂钩的。纵观当代人，似乎总处于一种忙碌状态。因为忙碌，所以没有时间陪伴家人；因为忙碌，所以没有时间经营友情；还是因为忙碌，所以留不出时间给自己沉淀与反思。忙，成为时间不够用的借口。之所以说是借口，是因为当事人也不清楚自己究竟在忙些什么，且忙碌的结果往往是不可深究的，因为结果并没有如人所愿。

没有片刻的清闲，也没有成果。这样一种勤奋，既无益于工作效率的提高，对生活状态的改善也没有成效。甚至可以说，这样一种勤奋，实则是一种变相的懒惰，懒得思考自己的人生目标，懒得思考自己的言行，懒得思考人际关系。于是，忙碌便成为没时间的借口。拒绝低效勤奋，你需要：

（一）明确目标，不沉浸于彷徨

制定一个具体可行的目标，才能最大限度地集中自己的精力并朝着目的地行进。没有目标抑或是目标不够明确，不采取行动或者急于行动，都是一种不理智的行为，也不利于事情圆满完工。

（二）速度与质量并重，提高效率

低效率的勤奋，是一种形式上的努力与忙碌，实际上不但浪费时间，还给自己造成一种努力的假象。我们应该注重速度与质量，处理事情时给自己规定大概的时间，以此来督促自己改正低效或拖延的习惯，提高办事效率。

当你所忙碌的事是自己所追求的，你的勤奋，才有意义。不沉浸于彷徨，不徘徊于原地，能够充分利用好自己的时间，你的勤奋，才是被需要的。

二、计划和执行，缺一不可

一味凭冲动行事，不是成熟者的做法。有计划的人生，才能走得更远。经常对未来感到迷茫的人，便是因为缺少对人生的规划。

一个人如果对自己的人生有明确的规划，所行的每一步，所做的每件事都能按照计划来，必然会在人生的道路上领先于他人很多。而在凡事都讲究高效率的当下，没有计划，工作便没有效率方面的保障，事业也难有所成。在生活中，一旦没有计划，便极有可能陷于一些鸡毛蒜皮的小事而无法自拔。

周密的计划，是成功的保障。制订细致可行的计划，是实现目标的前提。当然，一份好的计划，并非越详细越好，而是要根据实际情况来定。计划如果太过潦草简单，会不利于执行，因为考虑不够周全，没能够预测在计划实施中的某些意外，便不能提前做好准备。如果计划太过于详细，又很容易让人陷入一种被动状态，在实施过程中也会让人感到太过于死板，没有灵活性，不能很好地刺激执行者的行动力。

而且，人们在制订计划时往往会高估自己的自制能力，于是在执行过程中便很容易因为理想与现实的落差而打击个人的积极性。一旦心态不稳，计划的继续落实就是一个问题了。制订清晰具体的计划，同时对过程中的困难有所估量，准备相应的配套措施，这才算是合理制作的计划。

有人可能会说，自己在做每件事之前也都会制订计划，只是结果还是不能如己所愿。出现这种情况，错并非在计划本身，关键在于计划是否能够得到落实。有很多人擅长做计划，但却不擅长行动。也就是说，他只是做了一个计划，而且看起来很完美，但关键是，他没有落实下去。

没有执行的计划，便只是一个计划，就好像没有灵魂的躯壳。不去实践，便永远也实现不了目标，且无异于水中捞月。做计划远远要比落实简单得多，因为在落实过程中你可能会遇到诸多的阻碍和麻烦，而任何一种困难都可能使你不能继续坚持并完成自己的计划，或者不能百分之百完成自己的计划。于是，目标永远不可触及。

缺少行动，计划便是一纸空文。

阿美给自己定过无数健身目标，运动装备买了一套又一套，计划写了一页又一页，甚至健身房都报过好几家，但身材仍旧肥胖。眼看装备落了灰，计划书成了废纸，健身卡过了期，阿美却还没能开始健身。看着跟随自己20多年的肥肉，阿美只能自我安慰：所有的胖子都是潜力股！问题是，在找女朋友时，男人从来没有心思去挖掘培养一支未知的潜力股，他们的眼光只愿追随那些身段窈窕的妹子。

经历过数次相亲失败后，阿美终于明白有趣的灵魂也需要外貌来做敲门砖，至少得让坐在餐桌对面的人愿意花点时间来与你进行深入接触。其实阿美的五官还不错，只是脂肪过多。于是阿美重拾减肥梦，制订了一个新的健身计划。为了落实计划，从饮食到运动，阿美都制定了详细的规则以及精准的热量摄入标准。为了激发自己健身的兴趣，阿美按最新流行的款式和色调买了运动套装，同时花重金报了一对一健身私教。可以说，对这次减肥，阿美是下了血本。

经过一番筹备，阿美终于开始了自己的健身运动。每当面对美食想大快朵颐时，阿美就想起了相亲对象审视自己双下巴的眼光；偶尔想偷懒的那一天，运动装上鲜艳的色调仿佛在召唤阿美；最要命的是，阿美一想起那个贵得要死的私教课程会过期，就能马上燃起斗志去击败卡路里。两个月后，阿美瘦了10斤。半年后，阿美已经敢于尝试那些修身的裙子了。

瘦了的阿美受到了异性的青睐，此刻的她更明白，变瘦的更大意义在于自身的健康。对于身边来取经的朋友们，阿美就一句话——计划＋行动＋坚持。

其实生活中有千千万万的阿美，一边想着明年的旅行计划，一边因为丁点困难搁置计划；一边筹谋着考研提升自我，一边沉溺于各种肥皂剧中无法自拔。计划是一个人制订的明确安排，是我们明白自己要做什么、该怎么做的过程，而最终能真正解决问题的还需要个人去执行。只有计划，没有执行，是不可能到达成功彼岸的。

小央的故事则与阿美恰恰相反，她是典型的文科生，脑袋里不知逻辑为何物。小央工作一年多，每项工作都会做，可是偏偏不会做计划。在小央的意识里，完成工作任务即可，无须做那么多计划。于是每天一到公司，小央就开始埋头苦干，从来不规划工作内容。

小央感觉自己工作努力又认真，却经常被领导否定。比如在周一上午的周会议安排中，由于之前合作的酒店突然变卦涨价，领导临时通知小央去订一间能容纳200人的大会议室，周三就要投入使用。小央收到指令之后，并没有立刻把此项工作列入自己本周的工作规划之中，更别说列入重点紧迫事项之内。会议结束后，小央仍旧先去完成自己的日常工作。

到周一晚上时，当领导突然询问酒店找的怎么样了，小央才开始紧张，于是连夜爬起来准备订酒店。在这一过程中，小央同样没有把寻找能容纳200人的会议室这项工作捋顺，在网上胡乱筛选一通之后，发现临时预定能容纳这么多人的会议室根本不可能。小央慌了，只得求助于自己的直属领导。领导得知后立刻做了其他安排，并通知部门人员协助小央。

这一天一夜，小央马不停蹄地打电话联系、奔赴酒店确定场地，终于把任务完成了。但是在周总结会议上，领导公开批评了小央。正是因为小央做事情完全没有计划，分不清楚轻重缓急，才使得整个部门的同事都得停下手头工作协助她。小央虽然同样付出了劳动，却无法得到领导和其他同事的认可。

对于我们的工作而言，计划起着提纲挈领的重要作用。如果没有计划，在做事情的时候就很可能会陷入一种盲目状态，虽然付出了努力，却可能因为方向有所偏差导致最终得不到相应的回报。这样的结果无疑是得不偿失的。

既然总要付出努力才有收效，何不抽出一些时间来提前做个认真的计划？正所谓"磨刀不误砍柴工"，是事半功倍还是事倍功半，往往就取决于这个小小的举动。

要想达到目标，缜密的计划与迅速的行动是缺一不可的。只有将两者结合起来，愿望才不会仅仅是愿望，路途的障碍也会变成实现愿望的垫脚石。如何才能让自己制订出缜密的计划，并且提高自己的行动力呢？这就需要我们：

（一）善于规划，打造适合于自己的计划

懂得计划的重要性并善于做计划的人，能够更好地安排自己的生活。于日常，抑或工作，多一份计划，便多一份从容。而能拿出一份适用于自己的计划就已经成功一半。在制作计划的大局中，要按照事情的轻重缓急来安排，而对于每个具体的计划，则应以能否落实作为关键指标。

（二）提高自制力，坚持不懈

懒惰是人的天性，克服人性弱点需要提高自身的自制力。自律的提高，可从每天看 10 页书、做 5 个俯卧撑等小计划开始，并制定惩戒规则，督促自己坚持下去。

计划与执行宛若一对双胞胎，只有两者并重，目标才能实现。在这个快速发展的社会，目标制定后更需要主动出击，积极行动，方可掌握主导权。

三、为自己创造空闲时间

随着时代的发展，忙碌已经成为当代人的生活共性。很多人都希望能够给自己留下一些空余时间以便放松身心，从而提高自己的幸福感与满足感。然而，想要留下一些独属于自己的空闲时间，却并没有想象中的那么简单。

上学时，忙于学习，忙于参加课外辅导班与兴趣爱好培训班；工作后，忙于加班应酬，忙于升职加薪；结婚后，又被家庭生活所累，忙于照顾家人，辅导子女学业……

我们似乎总是处在忙碌之中，殊不知，这种忙碌迟早有一天会让我们的身体健康透支。而长时间处于压力之下，紧绷的神经也变得更加脆弱，当遇到一些难解决的事情时，便很有可能会崩溃。这也就是现在越来越多的人患上失眠、抑郁等病症的原因。

阿芸在一家上市公司上班，平时工作繁忙，加班出差是常事。在一次连续一个月的出差之后，阿芸感觉心力交瘁，开始有了离职的想法。为此，阿芸向朋友们抱怨，觉得工作太忙，如同跟公司签订了卖身契一般，基本没有自己的个人时间。

每当朋友反问为什么还犹豫不决，不果断辞职的时候，阿芸会解释说因为公司支付的薪水还比较可观。听了阿芸的话，朋友了然，虽然工作繁忙，但是薪水可观，付出的努力还是有回报。所以朋友建议阿芸不要轻易辞职。如果感觉负能量比较多，可以去观察下同部门其他同事，看下他们的生活是如何安排，如何腾出时间来放松自己的。

第二天上班的时候，阿芸就开始留意身边同事的日常。当然也不乏像她这样抱怨的，但是阿芸发现其中一个女孩却在忙碌中依然过得很精致。比如同样是吃早餐，阿芸睡到七点五十，起来随意梳洗后便冲向车站，途中顺手买两个包子，匆忙解决。而这位女生每天只比阿芸早起二十分钟，起床后冲个牛奶泡坚果，并加热三明治。洗漱完毕后花几分钟吃完早餐还能有时间化个淡妆，出门时间跟阿芸一样，却显得更从容不迫，幸福感也更强。

阿芸有时候跟这个女生搭伴出差，到达酒店后阿芸只想倒在床上玩手机，但是这个女孩却不同，只见她有条不紊地洗脸、敷面膜、清理衣物再洗澡，既整理了东西又做了护理，并没有耽搁过多的休息时间。反观阿芸，一直嚷嚷着连洗脸都没时间，其实她把闲散时间都贡献给了手机。出差过程中，这个女生甚至还抽了一个晚上去逛江边的风景、品尝当地的美食，给出差时光添加了一些别样的色彩。阿芸开始反思自己，是不是真的是自己的时间更少呢？其实并不是。

在这个网络信息发达的时代，阿芸跟很多人一样把时间耗在了手机上，无时无刻不关注着一些娱乐花边新闻、无聊的视频段子，压缩了真正属于自己的时间。这些人在工作之余，没有任何关于能力方面的提升，也没有任何关于生活方面的享受，闲暇时间都被各种无聊的信息浪费了，却把责任推到工作上，认为是工作挤占了个人时间。

实际上，即便阿芸的工作量少一倍，这些多出来的时间同样会被耗在手机上面，而非用于自身发展，当然也不会去欣赏生活中的各种美好。时间是挤出来的，我们应该创造一些属于自己的空闲时间，而不是属于手机的空闲时间。

给自己留一点时间去"挥霍"，并不是让自己在空闲的时间里无所事事，甚至无聊度日，而是能够彻底放空自我，或寻找一些能够让心灵得到放松的方法，比如听歌、看书等。

现实中不乏这样一类人，只要一有空闲时间就在玩手机。"手机依赖症"成为他们的共同特征。手机，似乎成为安全感的唯一来源。然而，当你将好不容易挤出来的时间全部花费在玩手机这一件事上时，未免显得太过奢侈了，那些你想了很久却一直因为没有时间而没做的事情，难道不应该分给它们一些时间吗？

给自己留点空闲的时间，懂得好好利用时间，做一些自己真正喜欢做的事情，会更有意义。想要做到创造空闲时间，你需要做到以下几方面。

（一）提高时间利用率

合理利用时间，提高时间的利用率，并为自己创造解决问题的能力。在快速处理难题后，要懂得反思与总结，在之后的行动中效率会更高。以最快的速度解决该解决的事情，为自己挤出可利用的空闲时间。

（二）不为忙碌找借口，不为显得忙碌而忙碌

在工作或者生活中，不乏这样一种人，习惯将简单的事情复

杂化，让自己陷入一种忙碌之中。而这样的忙碌实则是对时间的一种浪费，不但降低了自己的办事效率，还可能会让自己错失很多机会。与其这样，不如一切从简，简而言之，简而行之，让自己能够从忙碌中脱身。

（三）拒绝碎片化信息的填塞

在这个随处充斥碎片化信息的时代，不少人只顾着大量信息的输入，将之等同于学习，由之填满自己的时间。实际上，无选择地吸收信息并没有太多的价值，还浪费时间。为避免出现这样一种低效的忙碌，接收信息要有选择性，并尽量做到不让琐事分割自己的时间。

在忙碌之余，偶尔留点时间让自己可以肆意"挥霍"，即使是看似平凡的小事，只要是自己喜欢的，能够让自己的身心得到放松，那么这件小事便是有价值的。

四、有备无患，方能从容不迫

懂得未雨绸缪的人，不会让自己轻易陷入被动之中。有人说，不知道明天跟意外哪个先到，索性得过且过，任意妄为。然而，就是因为生命太过无常，所以我们才更需要提前做好准备，如此才能在碰到一些突发事件时，不至于慌了心神，陷入被动。

有不少人信奉"兵来将挡，水来土掩"，哪怕是天塌下来了也没什么好怕的样子，并借此来否认事先准备与筹谋的意义。而实际情况往往是，当兵或水真正来的时候，由于你没能提前做好准备，那么你连可以用来阻挡敌人的将或者用来拦住水的土都没有。

正因为如此，我们才会强调有备无患，未雨绸缪的重要性。

在这个竞争激烈的社会，如果做不到有备无患，会更容易陷入被动之中，从而滋生出诸多抱怨。生活中，不少人在应聘失败后，常常会发出这样的感叹，"如果我能提前多做一些准备，结果就会有所不同了。"也有人会遗憾学生时代没有好好学习，为工作积累丰富的知识，以致惨败于竞争对手。还有人抱怨自己没能做好面试培训，才会在关键时刻不自信，因紧张等情绪失去了机会。只是，当发出这些感慨时，为时已晚。

"凡事预则立，不预则废"，做事之前有所准备，能让你在面临挑战时，可以从容不迫，冷静思考，不致因慌张而失了分寸。

有的人看到他人的成功，或者成功路上的一帆风顺，在羡慕之余，将这些归之于他人的幸运，且将自己的挫折或不如意归之于时运不济。殊不知，机会往往垂青于有准备的人。他人能够抓住机遇并有所成就正是因为做好了充分的准备，当机会来临时便能很好地抓住。而且，善于做准备的人，不会一味等待机会的来临，而是会自己创造机会。积极地思考，不断尝试创新，可以获得更多的机会，有所成的概率也比他人要大很多。

要想在工作上做出一番成就，打败竞争对手是必需的。刘晴和王希最近的竞争就十分激烈，两人虽然表面上和和气气、有说有笑，其实都在暗自较劲。当公司的财务部长因家庭原因申请调到老家所在地的分公司后，财务部就她俩工作能力最强，资历也比较老，领导也有意从她们中提拔一个担任新财务部长。

对此，刘晴心理压力还是蛮大的，虽说自己工作也很出色，执行能力很强，又善于协调与其他部门的工作，可自己的竞争对手王希也不简单，工作上同样出色，并且有一点是刘晴一直都暗地里佩服的，那就是王希无论什么时候都给人一种胸有成竹、从容不迫的感觉。

就在刘晴思考这些的时候，某天领导推开了办公室的门，高兴地宣布王希为新任财务部长。看着王希起身向领导和同事们鞠躬表示感谢，刘晴心里很不是滋味，却不得不和同事们一起把掌声送给她。

下班后，办公室同事说要庆祝新任财务部长任职，刘晴正想着怎么找理由推脱掉，没想到王希非常抱歉地告诉大家她时间上不方便，庆祝可能需要改时间。在大家的再三追问下，刘晴才知道王希报的财务方面的课程今天要上最后一堂课，所以脱不开身。

刘晴对此非常吃惊，没想到王希不仅工作上这么出色，还一直在不停地学习。反观自己，除了工作，平时业余时间也没好好利用，基本上都耗费在和朋友逛街上了，要不就是花费在一些社交软件上，根本没想过要好好利用这些时间做一些有意义的事情，提升自己的能力。刘晴终于明白，这次没有升职成功，其实更深层次的原因是在于自己。

刘晴平时没有多提升自己，好好做准备，所以当机会来了，只能让它从身边溜走。比如这次竞争财务部长，刘晴为了这事忙得焦头烂额，恨不得一天当作两天用，反观竞争对手王希，一直从容不迫、不紧不慢地做着自己的工作。刘晴此刻才知道，王希的成功与平时的积累和准备是分不开的。若是自己平时多多积累，充实自我，那么在面临一些大的机遇和挑战时，也能多给自己一份从容，不错失机会。

一年后，王希跳槽到一家外企，而刘晴抓住了这次机遇，顺利担任了新的财务部长。回想这一年，刘晴一刻都没有停下来。在工作上，她做到了一丝不苟；工作之余，她也好好规划了自己的时间，周末报了财务与英语课程，不断充实自己。不仅如此，刘晴每天还抽出一定时间来锻炼身体，增强自己的身体素质，这也有利于她在工作时保持良好状态。总之，这一年来，刘晴学会了很多，也进步了很多。她终于明白，所有的进步都是因为背后的努力，所有的幸运都是因为背后的准备，而所有的从容不迫，都是未雨绸缪的结果。

对于一个成年人来说，很多事情只能自己一个人面对，很多困难只能自己一个人去处理，而强大的压力，也只能自己一个人去扛。而对那些凡事都有所准备的人来说，他们往往更能从容地面对偶尔出现的意外，不论是惊喜还是惊吓。

事实上，一个人的际遇不够好，一方面可能由于个人的能力有待提高，因此更应该从失败中汲取教训，提高自己各方面的素养；另一方面，也关乎个人的准备，如因没能做好充分的准备而丧失良机，便更应该静下心来，为下一次机会的到来做准备。

一个人要想在人生中有所成就，便需要付出，虽然付出并不一定就会有收获，但如果什么都不做，那也必然不会有所成。机会总是垂青于有准备的人，想要不与机会擦肩而过，就需要你做到以下几方面。

（一）有一个明晰的规划

小到生活中的点滴小事，大到个人的人生目标，我们都应该有所规划，且规划需要具体、明确。有所规划，遇事才不会自乱阵脚，处事也能有条不紊，人生也会顺利很多。

（二）保持良好的心态，完善自我

心态关乎人生。拥有良好的心态，才能遇事冷静，继而有效解决问题。生活中难免会遇到挫折，好的心态是抗压的重要因素。我们应该不恐惧困境，不沉溺现状，于顺境中成长，于逆境中进步，提升自己的抗压能力。

生活中有太多的难题需要解决，有太多的困难需要克服，有备无患，才能掌握生活的主动权，更好地抓住机会，有所作为。

五、熬夜加班，既不高效又不高质

　　作为一个职场人，在规定的时间内完成自己的工作是应尽之责。然而，在这个竞争日趋激烈的时代，加班，已然成为当代人的生活常态。之所以会陷入这样一种怪圈，原因是多方面的，可能是任务本身过重，也可能是因为工作者的工作效率太低。

　　对于因为工作效率太低而导致的加班，只要找到了正确的解决办法，其实是可以避免的。出现这样的情况，很可能是因为我们在时间管理上出了问题，总是不能合理安排时间，甚至让拖延症控制了自己，缺乏自制力，无法将碎片化的时间合理利用等。

　　比如现在有很多职场人，虽然每天到公司的时间较早，但在打开电脑之后却不是第一时间工作，而是逛微博，看新闻，直到工作时间已经开始很久了，仍然没能从娱乐花边新闻里抽回自己的思绪，导致工作时心不在焉，工作效率自然降低，甚至还会影响工作质量。

　　而那些工作效率较高的人，他们会在休息的时候认真休息，工作的时候以百分百的热情投入，他们不会在无聊的事情上浪费时间，在对待工作时也绝不敷衍。

　　由此可见，如果一个人不能合理利用自己的时间，屏蔽外界的干扰，那么高质高效地完成计划便会成为一句空话。熬夜加班，不只会浪费时间，对身心损害也是极大的。头痛、失眠、神经衰弱等症状，成为当代人的常见身体疾病，长时间的身体不适还会引发心理上的疾病。

熬夜加班，既不高效也不高质。杜绝无效的加班，才能够更好地生活。如果说懒惰之人会被时代所抛弃，那么效率低下的人同样会被时代所淘汰。要想不断进步，实现自己的理想，在事业上有一番成就，你所需要的不是用时间去堆积成果，而是要高质高效地做好每一件事情，哪怕是生活中的点滴小事。

作为公司首席秘书，颜汐是人人羡慕的对象，她不仅年轻貌美，工作上也十分出色，堪称女神。可最近，颜汐时常觉得困乏，食欲不振，还有轻微掉发的情况。原来，随着公司业务的不断拓展，颜汐的工作也越来越忙，有时饭都来不及吃，熬夜加班更是经常的事。虽然自己为工作付出了很多，但颜汐觉得只要能够得到领导与同事的认可，便是值得的。

然而，一段时间过去了，颜汐却并没有像往常那样听到董事长对自己的夸赞，有时董事长还会对她的工作提出一些小建议，尤其是针对她最近低质量却耗时长的工作。颜汐内心不乏委屈，可董事长说得没错，若不是因为从前优异的表现，估计董事长会直接在会议室当着同事的面批评她。想到这里，颜汐对董事长充满了感激，可依然感到苦恼无助。

让颜汐苦恼的是，一天早上秘书向她汇报工作后，感觉她气色不好，关切地问她最近怎么了，是不是感情上出了什么问题。之后又有好几位同事也向她表达了类似的关心。

由此看来，颜汐最近的状态确实是十分不好了。而这对于一向严格要求自己表现完美的颜汐来说是不能容忍的。毕竟，颜汐一直保持着最专业的态度，在工作上要求自己高效，在最短的时间内最好地完成工作；在穿着打扮上要求自己大方、优雅、知性，妆容精致；在精神状态上要求自己表现优异，不把个人情绪带到工作中来。而目前这种不良状况，颜汐不知缘由也无法摆脱。

下班后，颜汐早早回到公寓，换了衣服卸了妆，让自己处于最舒适的状态并决定好好反思总结。冷静后的颜汐，似乎明白了自己最近为什么状态糟糕了。

原来，像绝大多数年轻人一样，她每天下班回到家之后，总会将时间浪费在玩手机、逛街或者追剧上面。而等到想起还有工作未完成时已经很晚了，她又不得不熬夜加班。长时间的熬夜使大脑处于疲劳状态，颜汐的眼睛常感酸涩。精神状态不佳使她的工作经常出现小错误，即使熬夜完成了工作，也没能达到高质量。

想通这点后，颜汐很快有了思路，她决定要改变自己的生活。下班后，颜汐不再热衷于社交，尤其是无效社交。对于空闲时间，颜汐有了详细的安排。6点到7点听听音乐或者夜跑，晚上7点到9点把未完成的工作完成，因为这时的大脑是很活跃的，思维也很清晰，最适合工作。

当然，颜汐没有完全放弃社交，她明白友谊是需要时间来维系的，她也很享受与闺密待在一起的时间。一旦工作完成后还有空余时间，颜汐便会和闺密一起讨论购物的事情以及分享一些有趣的事，但时间不会超过晚上11点。

颜汐按照自己的计划给自己制作了一个作息表并坚持了下来。一段时间后，同事发现颜汐的气色好了很多，精神状态也恢复了。改变了熬夜加班习惯的颜汐，又找回了从前的美丽、自信与从容，在工作上也更为出色。

当你明白了熬夜加班的坏处，能够合理地利用时间，并将生活与工作平衡时，你的人生也一定会变得井井有条。拥有良好的作息，自然也会有更加健康的身体。

面对繁重的工作，不要再拖延，你要知道所有此刻浪费的时间，都将会变成晚上加班熬夜的黑眼圈。要时刻督促自己认真高效地完成每天的工作，别再以为做不完可以熬夜加班补回来，那将是用你自己的身心健康作为代价的。更何况，长期处于疲劳状态下的你，完成的工作质量也会随之降低，万一出现巨大差错，还有可能会因此而丢了工作，那真是得不偿失。

为了减少熬夜加班，你可以尝试：

（一）不自我欺骗，远离低质量的勤奋

当你的忙碌工作只能感动自己时，便需要警惕自己所谓的勤奋。不为忙碌而忙碌，不制造自己很勤奋的假象，在行动中要做到效率与质量并重，方能取得不错的成果。

（二）要事第一，提高执行力

当所要处理的事情较多时，便需依据事情的重要性对其进行排序。优先处理重要的事，继而有序完成其他事，在积极落实中集中注意力，提高执行力。

（三）告别拖延症，提高时间利用率

给自己制订一个计划，按照计划表中的时间标准去完成每一项任务，不要再给自己的拖延找借口。最好能同时制定惩罚制度，比如因为拖延或玩手机等而导致任务没有在规定的时间完成，就转给朋友 100 元现金来警示自己。当时间与金钱产生联系时，想必再拖延的人，也一定会努力认真行动起来的。

高质高效完成工作，才能在追求梦想的同时确保身心的舒畅。

六、一味强调快，往往适得其反

很多时候，当你越是着急，越是一味求快时，往往事情会越朝着相反的方向发展，甚至一不小心还会弄巧成拙。

就像在生产某种产品时，如果只追求速度而忽略质量，那么生产再多的产品也都不过是残次品，是无法上市销售的。在学习中也同样，如果只重速度而不求质量，导致虽然学了很多内容，但都是不求甚解，那也相当于是白学。正所谓"心急吃不了热豆腐"，急躁会成为前行道路上的绊脚石。

当你在处理某件棘手的事情时，如果不假思索便立即行动，等遇到麻烦的时候再去思考解决办法，最后事情办好之后所花费的时间可能反而更多。其实，如果你能在做事情之前，静下心来仔细思考后面可能会遇到的情况并在心中想好对策，然后再行动，那么当你遇到困难的时候，就能够轻松解决了。或者也可能在行动之前，就已经确定此路不通，不必再浪费时间，而及时选择另一条路了。

思考后再行动，看似要比他人晚一些，但实际上并不全然如此。正所谓"磨刀不误砍柴工"，做事前多思考，遇事时才能不慌张。

近段时间，小美的情绪非常低落，因为工作上的事情，小美已经多次被领导批评了。

小美虽然平日里工作很认真，且无论做什么事情都追求高效率，但事情好像并非全部按照她所期望的方向发展。因为过于追求速度和效率，她在做事的时候难免会出现一些失误。就在今天，她又因为一个关键数据出错而被领导点名批评了。

无奈，小美只好将所有数据都重新核对了一遍，以确保没有其他错误。小美本以为自己会提前完成领导交代的任务，结果却因为这件事导致她不得不加班。这样的结果，让小美沮丧不已。

来不及安慰自己受伤的心灵，小美又要和同事一起出差。在出差当天下午，小美很早就来到了机场，等待同事。并且她还利用登机前的时间，认真计划了第二天的行程，将各项待办事情都按照轻重缓急列好。晚上10点，小美和同事到达酒店，各自洗漱后定好闹钟就睡了。

第二天早上，小美洗漱后，整理好自己的文件，便催着同事赶紧准备出门。然而同事却看着小美笑了。因为小美一直在想着工作上的事情，化妆时也心不在焉，导致眉毛一高一低，很奇怪。小美本打算出门之后在车上修改妆容，却被同事制止了。因为她们和对方约定的见面地点就在附近，现在时间还早，小美完全有时间慢慢来。

看到如此淡定的同事，小美内心有了一丝触动。她确实没必要这么着急。这些年来，她一直以为只要快，就是好，什么事情都以最快的速度做完，习惯性地在公司规定的时间之前完成自己的工作，然而却并没有得到领导们的青睐。仔细思考其中的原因，小美才终于明白，高速度并不等于高质量。一味求快，往往适得其反。

或许她确实该改变一下处事风格了。在同事的帮助下，小美静下心来，画了个恰当的妆容并打开文件袋，仔细检查了一下准备的合约文件，重新整理了顺序。确认准备工作万无一失后，小美才与同事一起出发。

在现实生活中，这样的"小美"很常见。她们总是希望展示自己最优秀的一面，提前完成公司交代的任务，甚至在有限的时间内超额完成工作，以期得到上司与同事的赞美与欣赏，成为一名职场达人。但事实却是，她们的工作虽然做了很多，但质量却一般，没有一件能称得上"非常好"。

朋友们，切莫让一个"快"字绑架了自己，凡事一味地追求快并非是一种好习惯，因为对于某些细活，定要慢工。

这里的慢，并不是懒惰或拖延，而是要用心做到精细，以最好的状态将工作做到完美。慢，不能成为一个人拖沓的借口。懒惰抑或拖延，是一种被动的慢，是效率低下的一种表现。我们需要的慢，是一种主动的慢，是为了之后能够更快更好处理事情的慢。当快与慢能够平衡地掌握在我们手中时，我们便能将慢转化为快，继而让慢变成高效率的助力。

要想做到以后的快，先要慢下来，在这个过程中你需要：

（一）有耐心，多思考

有耐心的人，更容易有所成就。在这个"快文化"为主流的社会，多一点耐心，便多一点思考。可通过阅读、练字、插花、瑜伽等行为来培养个人的耐心，简单又有效果。

（二）不随波逐流，让心慢下来

当人们都在往前赶的时候，我们如果能适时慢下来，甚至往后退，会发现一个新的世界。让心慢下来，说话、做事不急躁，在从容中可以收获更多。

不急着做这做那，不急于求成，让自己的心慢下来，才能走得更远、更舒适。

七、善用"备忘录"，减少失误

　　每个人的记忆能力有所不同，有的人天生记忆力很好，甚至达到了过目不忘的境界；而有的人却与之相反，往往刚做过的事情，几分钟后便会忘得一干二净。

　　记忆力好是一种优势。在学生时代，记忆力强的人学习成绩不会差到哪里去；在生活中，记忆力好的人做事很少丢三落四；在工作中，记忆力好的人更有可能高效完成工作，获得事业上的更高成就。

　　与记忆力好的人做事靠谱相比，记忆力差的人通常在做事时会出现忘这忘那的情况。那么，对于记忆力相对较差的人来说，如何才能弥补这一缺点呢？我的建议是善做"备忘录"。

　　所谓"备忘录"，便是将日常中所遇到的事及时并简练地记下来。"备忘录"，可以是小本子，也可以是较为正式的札记，还可以是一张小纸片，当然也可以利用手机记录。用哪种形式记载不重要，重要的是内容。在所有事情中，优先记载重要的事情，而对于重要的事情，关键字的摘录尤为重要。当然，"备忘录"的利用还有许多细节需要注意，如不使用绕口的句子，表述要具体、明确等。

　　总的来说，一个善用"备忘录"的人，不一定记忆力好，但可以减少生活中可能遇到的麻烦，有利于高效率完成工作。

　　虽然年近 30 岁，但是小刀依然习惯丢三落四，因此朋友为其取了个绰号：金鱼。因为传说金鱼只有七秒的记忆，跟小刀健忘速度一样。小刀是一位教师，"健忘症"在其工作中被展现得淋漓尽致。比如，上午去上课，小刀可能到了教室才发现扩音器没带，只能提高嗓门上课。中途他又发现该讲的卷子也没带，于是匆匆回办公室拿。到了下午上课，他又是忘带其他教学器材。

　　生活中的小刀同样状况百出。小刀上大学的时候，因学校在外省，小刀每次去学校都要周转一趟火车与一趟汽车。小刀有时会忘记定闹钟，睡过头而错过车程；也有过一路赶到火车南站，却发现应该去火车西站的时候。有几次，小刀去车站的半路才想起没带手机，只是当他回去一趟并匆匆赶到车站时，却被告知车已出发。诸如此类的情况还有忘记带身份证，出发了才发现行李落下了……每每说起小刀的这些误车事迹，朋友们总是觉得又好笑又无奈，只道还好小刀不会忘带自己。

　　小刀屡屡在这些事情上吃亏，也不是没想过纠正自己丢三落四的毛病，只是各种方法的效果都不尽如人意。于是小刀决定请求身边朋友的帮助。小刀央求大家监督他，并下定决心，如果再做事毛躁，不长记性，那么大家可以随意惩罚他。一开始，小刀能够做到做事尽量细心。但是过不了两天，这个毛病就又钻出来了。一旦事情较多，小刀便开始"盲碌"起来，做了这件事便忘了其他事，给他的生活带来了很大的困扰。用朋友的话来说，如果可以的话，小刀能做到吃饭忘带嘴。

都说江山易改本性难移，坏习惯跟随个人不只一天两天，想要改正它们确实比较难。如果只是依赖别人的提醒，而不能自己想办法纠正，效果也不会长远。

小刀不良习惯的改变得益于好友赠送的一个"备忘录"本子。有了"备忘录"的小刀，把每一天要做的事情都列出来，并且把注意事项批注在旁边，完成一项工作再将它划掉。一段时间后，小刀发现自己丢三落四的毛病有了改善。只是，做"备忘录"的过程烦琐枯燥，意志力不强的小刀最终没能坚持下去。

记忆力好的人如果善作"备忘录"，处理事情将更加高效，也更容易被他人信服。而记忆力差的人如果善作"备忘录"，就不会轻易落下一些重要的事，能够有效减少生活中的失误。当然，"备忘录"做好了，更为重要的便是坚持下去，否则"备忘录"的意义不大，但我们不能由此否定"备忘录"的重要作用。一个善作"备忘录"的人，更有可能注意到生活的细节，由此获得重要的信息。善作"备忘录"，往往能为工作避免很多不必要的时间浪费。在制作"备忘录"的过程中，你需要：

（一）避免长句，用短句书写

"备忘录"具有临时性，也就是在对方说话时便记载下来对方所说的事，或者写下自己接下来的安排以防自己忘记。在记载过程中，不要使用冗长的句子，记关键字词即可，简便又实用。

（二）标题简练、清晰

"备忘录"如果使用不当，极有可能将其等同于日记本。"备忘录"所写标题最好标序，而拟标题时需要做到简练且清晰明了，无须体现文采。

（三）适当惩戒自我，践行"备忘录"

当一个人不能实践自己的安排，计划再详备作用也不大。懒惰是人的天性，也是检验一个人是否具有意志力的关键。制定恰当的惩戒措施，可以督促个人及时完成"备忘录"之要事，成为一个做实事的人。

善于制作并实践"备忘录"，每天应该完成的事项就变得更有条理一些，也不至于在补救忘掉的事情时，眉毛胡子一把抓，将事情搞砸。

八、管理时间，利用零碎时间

对我们所有人来说，每天的时间都是相同的 24 小时，但每个人对时间的利用可以是不同的。能决定一个人成就的，不在于 8 小时工作时间，而在于其下班后做了什么。懂得时间管理的人，会有效利用碎片时间。当然，一个懂得时间管理的人，首先是一个重视并珍视时间的人，对效率的追求导致其合理分配时间。

一天只有 24 小时，但有的人的一天价值或意义却远远超过 24 小时。换句话说，因其懂得统筹规划与合理分配时间，于是，他将每天的 24 小时拓展为了 36 小时，甚至更多。善于拓展时间的长度与深度的人，成功的机会也更多。

现实生活中不乏这样一类人，对于上班以外的时间便用来肆意挥霍。下班后，她们不是沉迷于追剧、逛淘宝就是打游戏、刷微博。当一个人不重视甚至轻视时间时，机会也会与其擦肩而过。

因每个人对于时间的分配有所不同，所以每个人在相同的时间内所获得的价值也不一样。有的人抱怨一事无成，却没意识到自己根本不懂得有效利用零碎时间；也有的人意识到了时间的重要性，制订了一系列计划，却养成了拖延的不良习惯，最终计划只是一纸空文。那些从平凡到卓越的人，不在于其有超乎常人很多的天赋，而在于其拥有一个共同的特点，那就是很注重效率，懂得时间的管理，更懂得有效利用零碎时间。

　　乐乐有一位老同学，从高中时代起就一直是班里甚至年级里的特殊存在。主要原因在于他有着超出同龄人的悟性，同时又有很强的自律性。高中毕业之后，这个男生因为家庭困难而未能选择继续学习，开始出去打工挣钱。大学毕业后的一次高中同学聚会上，乐乐才知道这位男生已经成了一家软件公司的核心开发人员。

　　相较于这位男生的年少有为，乐乐只觉汗颜。四年时间，乐乐在大学里可谓是碌碌无为。乐乐不用操心学习、生活费用的来源，有着大把大把的空闲时间，却从没认真地在图书馆泡过一天，也没扎扎实实地把专业课学好。而这位高中毕业后就进入社会的男生，不但挣钱养活了自己，而且自学成才，成为软件开发领域的人才。

　　在与男生聊天的过程中，乐乐知晓了他成功的秘诀：高中毕业不好找工作的他，只能去一些餐馆打杂。餐馆几乎每天晚上要营业到 12 点，这时的男生偏偏爱上了学画画，只不过时间很难平衡。如果放弃工作，那他就没有生活来源；如果放弃画画，他又不甘心放弃自己的兴趣。

　　男生懂得管理时间的技巧，决定利用零碎时间来学习。男生把自己每天的时间分成几大块，早上 6 点到 9 点半是他的自由时间，中午有一个小时的就餐时间，晚上 11 点半之后，客人减少，也可以腾出一点时间，如若遇到轮班休息就有一整天的自由时间。这样算起来，他的自由时间也不算太少。难能可贵的是，男生就这样利用业余时间坚持了两年。在画画方面有一定基础之后，他又开始学习软件架构开发。之后男生换了工作，离开了餐馆，凭借自学所获取的知识去了一家公司，直到最终成为一家软件公司的核心开发人员。

其实，乐乐也曾在餐馆做过暑期工，只是类似的经历并未让乐乐有所成长。当时的乐乐从早上8点多开始洗菜、切菜，一直忙到半夜12点多。忙碌中的闲暇时间都被乐乐用于聊天或者打游戏，而劳累一天的乐乐一回到家就只想倒床睡觉。

男生的经历让乐乐感悟颇深。她明白了，一个人要想有所成就，关键在于他是否能够管理自己的时间，利用好闲暇和零碎的时间。

虽然时间不可控，但我们每个人都是具有主观能动性的，因此可以成为自己时间的主人，而不是被时间拖着往前走。

充分利用零碎时间，可以从日常生活着手。比如没有上班的日子，是一觉睡到10点还是7点起床去看看书柜上那本搁置已久的书？比如乘坐地铁的时间，你是用来看抖音、刷微博还是用来听英语单词？不同的选择会有不同的结果。

当你找到适合自己的时间管理方法，当你将零碎的时间投入到学习之中，当你不再像一只无头苍蝇般"盲碌"，你的时间才不会像一盘散沙，你的时间才是有效率的。那么如何来合理分配时间，以及有效利用零碎时间呢？你可以：

（一）珍惜时间，利用零碎时间

要做到充分利用时间，首先要有一个明晰的时间概念，并懂得时间的珍贵。而对于零碎的时间要善于利用，不无所事事而混混度日，可以用来总结过往的生活，也可以用来计划未来，当然更可以实践于当下的抉择。

（二）培养兴趣，丰富生活

那些你嚷着没时间学的东西，如果你将其培养成自己的兴趣，并在细碎的时间里被一点点攻克下来，那么它就很可能会在未来成为你的技能之一。如绘画、弹钢琴等，每一天的积攒，不但充实了个人的生活，也会慢慢提升修养和气质。

人的一生，每个阶段都有自己要完成的主要任务，学生时代要学习考试，工作之后要挣钱养家。每个人的时间都是有限的，如何才能在有限的一生中合理利用零碎时间为自己的生活创造出更多的精彩，值得我们思考。

九、不沉迷于手机，享受现实

随着科技的进步，智能手机成为每个人的生活必需品，尤其是对于年轻人来说。"低头族"的出现便说明了这样一种状况。而一旦沉迷于这样一种"低头"状态，夸张一点说，我们的人生也可能会成为"低头人生"。

所谓的"低头人生"，不单单指行为上的习惯低头看手机，更多的是指沉溺于一个虚拟世界。微博、朋友圈、QQ 空间等都成为每个人展示自我的舞台。只是，当这样一种展示掩饰了自我的真实感情流露时，它所呈现的便是一种虚幻的美好。等到人们越发沉浸在虚拟世界而无法自拔时，便谈不上真切感受现实生活的真实了。

电子产品因其造成的消极影响极大而被称为电子鸦片。不可否认，电子产品给我们的生活带来了很大便利，但同时，我们不能忽略其越发增强的消极影响。单就手机而言，它对我们日常生活的时间占用就已经达到触目惊心的地步。

时间被大量浪费在手机上，对于大多数人来说，能从中获取的有用知识极少，更多的人都是在用玩手机来打发时间。甚至出现了这样一种怪异现象，手机成为大部分年轻人安全感的主要来源，成为他们的精神寄托，一旦离开手机，他们就会变得焦躁不安。

这样一种"科技病",值得每个人反思。

　　尚未成年的刘玲沉迷于刷微博、看视频,每天都会花费大量时间在手机上。往往等她将感兴趣的娱乐新闻和视频看完,半天时间就过去了。刚开始时刘玲不以为意,每天固定地打开手机上网,直到刘玲开始准备一个考试。

　　由于备考时间比较充足,刘玲给自己的心理暗示为轻松度日,因此她每天仍旧手机不离手。比如定好早上8点开始学习,可能7:55的时候刘玲还在想,可以再玩5分钟,结果一浏览视频,时间就悄悄过去了。等回过神来,已经快9点了。学习途中喝口水,刘玲又想可以休息一下了,玩会手机吧,于是半小时又过去了。刨去吃零食、上厕所的时间,从早上8点到12点一共4个小时,刘玲用在学习上的时间却不足两小时,而大多时候有效学习时间也就只有不到一小时。毕竟对于刘玲来说,从玩手机的状态回归到学习状态,她还需要一段时间来适应。

　　备考了一个月之后,刘玲发现自己规划的任务还没有完成三分之一,这才开始慌了,于是她决心戒掉手机。为了督促自己用心学习,刘玲把社交APP通通删除以期能够定下心神来学习。那次考试的结果,可想而知不够理想,主要原因就是刘玲备考不充分,前期浪费太多时间在玩手机上。

　　随着科技的进步,手机于我们而言,是通信工具,是地图导航,是购物工具,是打车工具……然而,手机在给予我们无数便利的同时,也是一个"时间神偷",让我们在不知不觉间沉溺其中,主动献上宝贵的时间，到头来却并没有什么有价值的收获。手机不可怕，可怕的是没有自我控制能力。不沉溺于手机等电子产品所构筑的网络虚拟世界，你可以：

（一）理性驾驭手机，限定玩耍时间

"低头人生"已然成为社会的普遍现象，这就需要我们改变这样一种亚健康的文化心理。限定手机的玩耍时间，做手机的主人而非沦为手机的奴隶。

（二）增强与身边人的现实联系，充实自我

有意识地培养与身边人的亲密关系，多与家人、朋友聚会，而非与他们在手机上聚会。放下手机，多参加户外活动，充实自己的人生。

生命短暂，我们该放下手机，在日常生活中多陪伴家人，在春日里走出家门去外面看看，在聚会时多与老友叙叙旧，如此才能真真实实地感受一点一滴流逝的时光，感受现实所带给我们的温暖。

第五章

快节奏时代，慢一点生活

在这个充斥着"快文化"的社会里，快餐、快递、快速阅读、快速交通等伴随着每个人的日常生活。"快文化"无疑便利了人们的生活与工作，但同时也增加了人们的压力，导致生活节奏的忙乱与人心的浮躁。

当"快"成为一种习惯，慢下来便变得艰辛。然而，想要过得精致和舒适，慢一点生活便是必要的。思考，是生活得有灵魂的前提。慢下来，静下心来，给自己一点思考的时间，不忘初心，让自己不迷失在这个快速时代。

一、享受快节奏时代里的慢生活

在这个社会，有太多的人，为了实现自己的理想，遇见更多的机遇，选择来到大城市。然而，并不是每个怀揣梦想的青年人都能在大城市里一展拳脚，并扎根在这里。为了生存，他们不断努力，虽然步履匆匆，却只能拿着微薄的薪水。

于是，有越来越多的年轻人发出感慨，"我见过这个城市最早的时刻，也见过这个城市最晚的时刻，而在这个从早到晚的时间段，只有匆匆。"城市虽然很美，但却与他们无关，因为他们根本没有时间与心情去欣赏大城市的热闹与繁荣。

但现实就是如此，或许你已经很用力地在生活，却依然没有获得相应的幸福。你在拼搏，却感受不到拼搏的意义，这无疑是很让人崩溃的。但说到底，人们之所以没有归属感，缺乏幸福感，最主要的原因还是没能更好地适应这个快节奏的时代。在他们心里，快节奏，就意味着所有事情都要快，只有拼搏而没有享受自我的片刻安宁。

懂得在快节奏的时代里享受"慢生活"，才能让自己活得清晰与有意义。如果不懂得张弛有度地安排自己的生活，不懂得在恰当的时间让自己的身心得以恰当的休息，那么最终的结果将是即使在物质方面得到了满足，但对生活的体验也绝对称不上愉悦，他们不会获得一种高品质的生活。

　　本科刚毕业的小雪，毅然选择了南下来到深圳这个她慕名已久的大都市。刚来到深圳，还没来得及好好欣赏这个城市的风光，小雪便需要投入到工作之中。在找工作的途中，小雪发现找份工作不难，但是要想找到理想的工作却并非易事。深圳毕竟人才济济，一份好的工作竞争自然是十分激烈的。

　　幸运的是，小雪的工作不论是从待遇还是发展前途来看都是可以的，但却需要经常加班。为节省房租，小雪最终在外环租了一个小住处。由于离公司太远，每天一大早，小雪得提前两个小时起床并快速洗漱完毕，接着便出门赶地铁。不论是不是上班高峰期，地铁的人流量总是很高。至于早餐，只能在路上草草解决。

　　到达公司后，一天紧张的工作就此展开。公司没有员工餐，小雪便和其他同事一样，要么点外卖，要么到附近的餐馆吃。午餐要快速吃完，以便节省出一点时间留给午睡。上学时小雪就有午睡的习惯，若是中午不休息，下午根本没办法工作。

　　小雪没有任何背景，唯一能做的便是努力工作。加班对于小雪来说已成家常便饭。工作结束后，小雪又得在晚高峰里挤地铁，有时因为太累，迷迷糊糊地还会坐过车站。当劳累了一天的小雪回到家中，根本不想再动弹，奈何她还得吃饭、洗漱。

　　不论是工作还是生活，"快"这个字似乎成为小雪一切行动的指令。小雪是没有双休日的，甚至有时节假日也在加班。只有月假的小雪并不能很好适应这种快节奏生活，但是为了跟上这个城市的步伐，为了在这个城市站稳脚跟，小雪必须得拼搏。唯一让小雪感到安慰的是，她的辛苦付出获得了较高的薪酬。

懂得享受生活的人，必定不会一直让自己处于忙碌状态。每次放月假时，小雪便会简单地收拾下行李，去周边的城市，或者更远的地方旅行。小雪选择的地方要么宁静，要么开阔，让人可以全身心地放松自己。且小雪每次只去一个地方，这样就不会由于时间紧迫而匆忙行动。习惯了大城市的喧嚣的人们会更珍惜小地方的安宁，即使是片刻。到达目的地之后，小雪会暂时忘了自己的工作，也忘却时间的流逝，全身心地沉浸在静谧的时光中，陶醉于美丽的自然或人文景观。

为了实现自己的梦想，小雪不得不适应快节奏的生活。同时，小雪懂得给自己的心灵放一个假，"忙里偷闲"成为快节奏生活中愉悦身心的明智方法。在这个快节奏的时代，偶尔享受慢节奏的生活，既满足了个人志趣，又保障了生活的质量。

我们看不到时代的终点，生命却是有限的。然而时代发展太快，我们却不可以人为加快或减慢生命的进度条。从起点到终点，人生的这一段路途，说长不长，说短不短。在有限的生命里，唯有不辜负这独一无二的人生，才算是对人生负责。在快节奏的时代里，我们需要放慢生活的速度，从心开始，享受慢生活，在缓慢中感受人生你需要：

（一）懂得抉择，放弃不必要的忙碌

人生是一个不断抉择的过程，即使不做出选择也是一种选择。在有限的生命里，不浪费自己的时间于无关小事上，不与同事由

于利益纠纷而过多口舌；不纠结于琐事，遇事不优柔寡断。懂得放弃不必要的忙碌才能掌握与安排好自己的时间。

（二）张弛有度，找到自己的生活节奏

时刻紧绷的生活，绝不会是愉悦的生活。张弛有度，平衡快慢，找到适合自己的生活节奏，才能把握人生。于快的时代，偶尔来一场慢旅行，不失为放松身心的好方法。

在这个强压力的时代，拒绝匆忙，放慢脚步，享受快捷中的慢生活。

二、匆忙时光，淡然岁月

懂得放弃的人，往往会得到更多。然而，并非懂得道理就可以做到。毕竟，能够平衡得与失不是一件易事。在人的一生中，有极乐，便可能有大悲；有大起，也会有大落。没有人能够一直处于一个巅峰的状态，也没有人会一直处于低谷之中。人之一生，就是一个悲喜交加的过程，也是一个有得有失的过程。在这个过程中，只有找到得与失的平衡点，才能更好地享受生活。

对于大多数人来说，想要脱颖而出，有所成就并非易事。如果不能平衡付出与收获，一旦在生活或工作上遇到不顺利的事情，便会引发诸多抱怨。有些人在事业上无疑是一个成功者，却由于没能好好经营自己的家庭而导致婚姻破裂。

当然，也不乏在物质上极为满足，然而精神上却极度空虚的人。于是，他们只顾享受声乐之娱，灵魂却日益孤独。在肆意挥霍金钱与时间后，他们所得到的幸福感与满足感十分短暂，最终剩下的还是难熬的孤独与空虚。一个人如果不能恰当地平衡得与失，人生将很难岁月安好。

不论处于何种状态，都要平衡好自己的生活，懂得取舍，才能保证生活的品质。有的人习惯将追求事业的成功与悠闲的生活对立起来。在他们看来，想要在事业上有一番成就，便要将自己打造成"铁人"，从早忙到晚。于是，舍弃闲暇的时间也成为成功的前提。享受安稳的生活自然被排列在事业有成之后。换句话说，在这一类人看来，只有事业取得成功，获取足够的金钱，才有资格好好享受生活。

其实，这也是当今很多年轻人的想法，于是，"工作狂"日益增多。但事实上，努力工作与享受生活是不冲突的。当你懂得平衡自己的工作与生活，便能够安排好一切，即使忙碌，也可以给自己做一个计划，劳逸结合，在闲暇时，好好享受生活。我们完全可以在这段不忙的时光里，静下心来，用心生活，做一个精致的人。

作为餐饮店老板的李远，做得一手好菜。再加上他懂得经营之道，也特别善于迎合消费者的需求，不出几年，餐饮店远近闻名，成为当地的招牌。

生意由小做到大，李远也是越来越忙。作为一个管理者，从员工的培训，到餐饮店的经营，李远都需要亲力亲为。而且李远也希望他的厨艺能够被继承下来，毕竟一个饭店的招牌菜很重要，所以在传承厨艺方面李远更需要花费大量的心思。

为了长远考虑，李远需要从更全面的视角来管理餐饮店，这就需要他不断提升自身的各方面能力，舍得花费时间与精力去学习。餐饮店的生意越来越红火，规模也不断扩大，当有人建议李远可以开分店赚取更多的利润时，李远是微笑着拒绝了的。的确，如果李远再开一些分店是可以扩大盈利的，但是李远所要操心的事便会越来越多。

对于李远来说，钱够用就行，赚钱并不是他的乐趣所在；服饰、汽车是否是名牌不重要，唯一重要的是舒适；衣着舒适、干净便好，他不需要用昂贵的服装来标榜自己的身份，证明自己是一个有钱人。一个人的富足，不只是指物质上的富裕。虽然李远对自己的衣、食、住、行看起来不够大方，但他却十分热衷于慈善事业，对于帮助其他人，李远倒是阔绰大方得很。当然，做事低调的他也没有刻意让周边人知道他的慈善之举。

随着时代的发展，科技的进步，线上交易成为一种普遍的交易方式。紧跟时代发展的李远，也将其餐饮店开发了线上交易渠道，生意变得更加火爆。如果愿意，餐饮店 24 小时都可以接到单。但不论是线上还是线下，李远严格限制了开业时间，一旦超出规定时间，便不再接单。

注重员工休息时间的李远每个月会给员工放一天额外的假，当然，他自己也会在这一天休息。每月休息一天，这在餐饮行业并不常见，但李远却坚持了下来。因为他始终坚信，钱是赚不完的，除了忙碌，每个人也需要给自己一定的空闲时间，让自己的身心得以放松与休息，这才是生活该有的滋味。

在这一天里，所有的时间是属于李远一个人的，换句话说，这一天里不谈工作，24 小时都由李远自己支配。喜欢品茶的李远，专门去学习茶道。他还学了插花，用来装饰自己房屋的束束鲜花都是李远自己采摘与打理的。当然，书法、象棋等也是李远空闲时间的"伙伴"。

当一个人能够赚到足够多的金钱时，他的物质生活是富足的。而当一个人懂得生活之道时，他能够让自己活得更满足，过得更愉悦，这无关乎物质。精神生活充实，精神世界丰盈，他的人生无疑也是精彩的，恰如李远般善于生活，平衡忙与闲，在得与失中享受快乐人生。

当你懂得工作只是人生的一部分，懂得不将工作的情绪带入生活中，懂得在工作与生活之间应该有一个界限时，你才能从容生活，才能在忙碌工作与闲暇生活之间自由切换。

当今社会，只有懂得平衡工作与生活，才能将生活过得不慌不乱，有条不紊。在探寻平衡之道的过程中，你需要：

（一）塑造良好性格，平和心态

在这个人心浮躁的时代，唯有稳住自心，方能不随波逐流。稳重的性格，平和的心态，是能够淡然处世的前提。抽出一点时间来培养个人的兴趣，如绘画、打羽毛球等，这对于沉稳性格的塑造是极为有利的。

（二）敢于追求，勇于舍弃

有所追求的人，才有面对挫折与困境的勇气。而人的一生，是一个有得有失的过程。敢于放弃，与勇于追求同等重要，这关乎个人的智慧和修养。

有所得便有所失，在匆匆时光中，要做到淡然岁月，便需要懂得平衡得与失，找到忙与闲的合理支点。

三、放慢脚步，漫步大自然

　　似乎从出生起，我们每个人的成长就被赋予了快节奏。为了子女不落后于他人，家长们在教育方面煞费苦心。过早地将孩子送到学校里，而除了学校的教育，课后的时间也被各种各样的辅导班所占用。为了不输在起跑线上，不论小孩是否喜欢，都必须按照家长的安排去补习。在成长的过程中，孩子们只能一路奔跑，一路向前，绝对不允许慢下来。

　　在父母看来，只要能快速到达目的地，便是人生赢家。只是，那些因太过忙碌而错过的沿途风景，最终都变成孩子人生中的遗憾。为了完成父母的期待，孩子们失去了太多童真与快乐。

　　直到成年之后，越发忙碌的生活让我们开始感到疲惫，于是，越来越多的人开始向往大自然，渴望能够安静地享受慢生活。于是，很多人都会选择在假期时带着家人驱车至乡野，漫步大自然，感受人与自然的和谐相处，体悟静谧的人生。

　　在很多人的印象中，IT男代表着多金，也代表着宅和忙。他们每天的工作便是坐在电脑前面敲代码、编程序，长时间加班更是常态。孟军便是程序员大军中的典型一员。

　　大学毕业后的孟军应聘进了一家大公司，从第一天起，他的工作便可以用忙到天昏地暗、昼夜不分来形容。工作不到半年，孟军已经从"小鲜肉"变成了"老腊肉"。刚毕业时，他担心的是工作难度以及工资待遇，而现在，他最担心的则是自己日益上移的发际线。在没有参加工作之前，孟军所想的是，等到自己工作并赚了钱，定会善待自己的唯一爱好——游戏，到时想充值多少便充值多少。结果不到半年，他的想法便改变了。

　　现在的孟军，对游戏根本提不起兴趣，每天面对着电脑编代码，工作结束之后，他再也不想看到电脑，这对于只玩端游的他来说，结果便是对游戏敬而远之了。在发了工资并存了一些钱后，孟军想的不是给自己买衣服，或者出去大吃一顿，而是上网找防脱发和护肤的妙方。以前的孟军肯定是不屑于护肤的，但自从熬夜成为家常便饭之后，在镜子里看到自己越发粗糙和沧桑的脸庞，在办公室女同事的强力推荐下，孟军开始对护肤有所了解并越发注重。毕竟，孟军还是没有找女朋友的单身汉，他可不想异性被自己苍老的面庞所吓到。

　　在有了一定的存款之后，孟军如愿组建了自己的家庭。虽然工作依然忙碌，也避免不了加班与熬夜，但成家以后的孟军开始注重养生。孟军每周都会抽出一定的时间来健身，一旦有空闲时间，他还会陪同家人去公园散步。即使升职之后，孟军的工作更加繁忙，他仍然保证每个月抽出一定的时间，带着自己的妻子，开着车去周边的小镇游玩。有了孩子之后，便是一家三口去游玩。而到了寒暑假，孟军会与孩子一同去乡下住几天。在大自然的怀抱里，花香、虫鸣、鸟叫，大自然的一切让孟军忘记了工作的繁忙与劳累，全身心得以放松。

休憩之后，他似乎又可以满血复活，重新投入到工作之中了。

有的人，一旦慢下来，或闲下来，便觉得是浪费了珍贵的时间。其实，就是因为时间太过珍贵，所以更需要"浪费"一定的时间。或沉浸于自己的小世界，或投身于大自然的怀抱，借此放缓心态，让自己有时间来思考问题，进而跟随着心走你需要：

（一）静下心来，不忘初心

人的欲望是无穷的，人的生命却是有限的。在有限的生命里，要想拥有清晰的目标，不让自己迷失在欲望的旋涡中，便需要时刻牢记初心。

（二）活好自己，简单生活

越简单的生活，越有意义，也越难做到。懂得在大自然中漫步人生，在闲暇时来一场旅行，在忙碌的人世中寻一处净土安放身心，人生便是惬意的。

人生不是比赛，不应该只有匆忙的步伐。脚步慢下来，拥抱大自然，内心世界也将变得纯粹、美好，愿我们都能在这样一种安静而不喧嚣的尘世，享受慢生活所带来的轻松。

四、化繁为简，在简单中升华

　　有人向往一种极简主义，他们的生活，可用一个简字来概括。衣、食、住、行，每一个方面都讲究简单、便利。具体来说，在服装方面，他们的服饰简洁，没有太多花样，但注重舒适、大方；他们的饮食也很简单，并不追求山珍海味或者昂贵食材，而是注重饮食的清淡与健康；不追求住房奢华的人，对建筑的要求也一样，不论是从房屋的构造还是内部装潢，都呈现出一种简约之风；而对于出行，对名车豪车没有热情的人，更享受骑行带给他们的乐趣和对身体的好处。

　　然而，这样一种极简生活却并不单调，事实上，他们是极其热爱生活的，也懂得享受生活。他们的生活简单，却简单到精致，简单到幸福感爆棚。

　　极简生活，让人羡慕。但对于大多数人来说，羡慕却不可复制。很多身处快节奏时代，尤其是一线大城市的人，生活节奏也非常快。凭着对工作的拼劲，是可以获得不少的金钱回报，然而，每天的忙碌状态导致他们的幸福指数并不高，甚至偏低。究其原因，高昂的房价、物价，孩子的高教育成本，都让他们压力颇大。随之而来的，则是在高压状态下的疲惫与多种心理问题。

其实，越是在紧迫的生活中，越要懂得如何生活。生活不容易，但可以活得简单。换句话说，即使工作繁忙不堪，心态也可以保持阳光。

生活在大城市的韩丽，为了自己的梦想不断努力奋斗。与同部门的其他人相比，韩丽的工作不算忙碌，几乎不需要加班，因此，她的工作常常惹来旁人的羡慕。尽管如此，韩丽生活得并不快乐。

性格有些敏感的韩丽，不论遇到什么事，都会想太多。她的这种想太多的思维方式给她的工作与生活造成了影响。这种敏感性格与她的成长环境是密切相关的。韩丽的家境不算太好，在本科毕业以后，韩丽没有选择继续深造，而是直接工作。韩丽本身是很喜欢科研的，也有一定的能力。虽然目前的工作还不错，韩丽却常常后悔自己没能读研读博，但她又没有勇气辞掉工作再去学习。

这种成长环境也影响到了韩丽的日常生活。尽管韩丽已经参加工作，而且工资也不低，但她的生活习惯还是非常节俭。节俭是美德，这本无可厚非，但当她的这种节俭生活方式被同事打趣时，韩丽便会变得极为窘迫，且在之后的很长一段时间里都不能走出这种尴尬。

韩丽会想很多，她会觉得同事在戴着有色眼镜看她，瞧不起她，即使她清楚地知道同事不过是开玩笑，但她就是控制不住自己的胡思乱想。

韩丽的敏感性格也造就了其极强的自尊心。极强的自尊心又激发了韩丽的好胜心，使得韩丽在工作上表现得不错。偶尔会有领导或同事夸赞韩丽有一颗积极进取的心，而且工作能力强，但韩丽并不会因为他们的夸赞而欣喜，反而会变得更惶恐。韩丽担心自己下一次会做得很糟糕，尽管这种焦虑并没有依据。当然，韩丽并不会将自己的焦虑告诉其他人，她不习惯向他人倾诉自己的心声。

韩丽虽然平常的话语比较少，但其实她考虑的事情非常多。多虑使得韩丽常常感到心累却无可奈何。因为想得太多，韩丽所在意的事情也比别人多。比如，太过在意他人对自己评论的韩丽，几乎不会拒绝同事的任何请求，无论是有理还是无理。不敢且不懂得如何拒绝他人要求的韩丽，常常在忙完自己的工作后，加班加点帮助同事。即使是通宵熬夜，韩丽也会尽力帮同事完成任务。她不是不累，而是更担心自己拒绝了同事，抑或是自己没有完成同事的请求，同事会对她有想法，会不喜欢她。

其实，韩丽完全没必要这般辛苦自己，一味委曲求全的付出只会让境况更糟。偶尔帮助有需要的同事是值得肯定的，但总是无条件地帮助同事，甚至有求必应，可以说韩丽实际上是纵容了他们的依赖心理。其实，韩丽不是不明白这些道理，她只是被自己的思维束缚了，因为想得太多，所以自然影响到了她的言行。除非有一天韩丽能够幡然醒悟，自己鼓起勇气做出改变，否则，这种状况会让她活得非常辛苦。

睿智的人，通常懂得给生活做减法。无论是在工作还是在生活中，想得少，也计较的少，自然活得轻松、快乐。韩丽不是一个通透的人，所以她将本来很简单的生活变得复杂起来。不懂得处理人际关系的她，将本不应该属于自己的事情和思虑强行附加给自己，必然"负重前行"。

成年人的世界里，只要你想有所收获，便没有简单的事情。小到经营一个家庭，需要处理好与家庭各成员的关系，承担相应的责任与义务。即使家人之间关系很亲密，还是避免不了有分歧的时候；要想在工作中顺顺利利，你所需要的，并不仅仅只是做好自己的工作，你还需要与同事、领导等人处理好关系。而当双方之间有利益冲突的时候，又需要你很好地去协调解决，否则，工作上的不愉悦又可能会影响到心情。

大千世界，极其复杂。如果能学会在繁杂中简单生活，便能使自己的人生活得如鱼得水。处理事情，思考问题，遵循一个"简"字，你会发现，不被束缚的自己能更好地享受现在的生活，也会变得更为满足。简单生活，从现在开始。

（一）遵循本心，适时放空心灵

我们应该学会定期删除过去的记忆，定期清理心灵垃圾，懂得减轻心灵的负荷。一个人想得太多，便容易陷入自我束缚之中而无法自拔，自然影响到生活的品质。

（二）放弃无效社交，珍惜时间

当你忙于处理人际关系而无暇顾及其他时，便说明你需要反省下自己的社交方式是否正确了。一定的社交是必需的，但当社交影响到了自己的正常生活时就需要你抉择并放弃无效社交，才能保证生活的品质。每个人的时间都是有限的，将有限的时间投入到值得的事情中，方为珍视时间之举。

　　世界不简单，但你可以活得简单。简单生活，为心灵寻得一份平静与安宁。

五、豁达，是一种大智慧

　　心胸豁达的人，能够坦然面对生活的挫折。经历人生的起伏，感受人情的冷暖，是每个人的必经历程。心胸狭隘的人，无法承受人生的灰暗阶段，习惯于用悲观的视角来看待世态炎凉；而心胸豁达的人，能够穿透外界的纷纷扰扰，看到事物的本质，对逆境或者顺境都有着强大的包容心，不论经历怎样的困境，都能从容面对。

　　在这个更加务实，也可以说更加注重利益的时代，人们衡量一个人的成功往往会更加偏向于其物质成就。成为达官显贵，或经商发财，相比较于精神与文化方面获取的成就，人们显然更注重前一种。于是，为追求更好的物质生活享受而拼尽全力，一旦获得成就便欣喜若狂，如若失败则人生似乎就失去了意义和乐趣。

　　人生路漫漫，如能以一种豁达的姿态来看待人生得失，尤其是物质方面的盈亏，人生将会活得更为痛快，更为干脆。实则，较之于荣华富贵，淡泊明志更让人期待。

　　知世俗而不世俗的人，无疑是豁达之人。这样一种人懂得付出与包容，在与他人的交往过程中从不过多计较于小事或者个人利益。当然，豁达之人，不是不在意自身的利益，而是能够成人之美。豁达，也是一种乐观与自信。当一个人能够洞悉世事，平稳心态，保持乐观向上的人生态度时，他的人生将是洒脱的。

　　结婚不到一年的周婷，发现自己怀了孩子。相较于对新生命的欣喜与期待，周婷更多的是忧愁。对于周婷来说，她其实并不想这么早要孩子，她还想与丈夫多过些二人世界的日子。而且周婷还不到30岁，她自认为还没有做好为人母的准备，毕竟成为一个合格的母亲不是一件易事。虽然周婷有一些纠结，但是既然已经怀上了，她最终还是接受了孩子的到来。

　　让周婷没有想到的是，怀孕的过程竟然如此艰辛。害喜严重到让她吃不下睡不着，身体开始日渐消瘦。为了不影响腹中孩子的健康，她又只能硬逼着自己去吃那些难吃的餐食，然后不断经历吃了吐、吐了吃的痛苦折磨。

　　每当这时，周婷就对怀孕这件事感到更加后悔，心情越来越差，脾气也越来越坏，经常会因为一点小事就大发脾气。因周婷是"特殊人士"，需要特殊对待，家人给了她无限的理解与包容。

　　幸运的是，过了前三个月，周婷的孕吐状况有了很大好转，也让她食欲大增。但因为在孕期需要忌口，她没办法吃自己平常爱吃的东西，这让她感到非常沮丧。等到后来，行动越来越不方便的周婷时常会感到身心疲惫。临产期之前，她更对未来感到不安，害怕自己在生产时出现问题，尽管她明明知道现在的医疗技术发达，生产的风险已经大大降低，但还是感到非常害怕。

　　周婷的情绪波动非常大，在孩子刚出生的一段时间里，她还对这个小生命的降临非常开心，甚至开始思考孩子的培养与教育问题。但没过几天，她就对孩子产生了厌恶，甚至不想看孩子一眼。

这种情况越来越明显，在家人的提议下，周婷去看了心理医生。

经诊断，周婷患了产后抑郁症。在医生的分析下，周婷明白了自己抑郁的来源。原来从一开始，因孩子的来临不在周婷的意料之中，她便结下了心结。心结一直没能够解开，并在之后随着怀孕的艰辛而加深。待孩子出生以后，周婷又开始焦虑孩子的培养问题。尚未调整心情的周婷又陷入了新的焦虑之中，这种焦虑又引起了她的忐忑与不安。最终，心事太重的周婷因没能够及时调整好自己的心情演变成抑郁症。

遇到事情便纠结不已，凡事看不开，心情自然不会舒畅。当一个人对一件事耿耿于怀，学不会释然，甚至钻进了牛角尖而出不来时，便会束缚自我。只是，这样不但无法解决问题，还会破坏自己的心情，真的是得不偿失。

拥有大智慧，活得淡然的人，懂得不纠缠于既定事实，哪怕身处一团乱麻之中也可以静下心来，一点一点理顺面前的一切。即使面对的是最糟糕的状况，他们也可以让自己保持最豁达的心境，不为眼前的困境而愤怒、伤心。

豁达的人，善于从积极的一面来思考问题，即使心头有阴霾，也会渐渐消散。当然，做一个豁达的人说起来容易，做起来却是有难度的，不过，这样一种心境是可以培养的，你可以：

（一）跳出圈套，不自我设限

一个人如果想得太多，期待得太多，自然计较得也多。我们完全可以遇小事不计较，遇大事不苛刻，知世故而不世故，做一个通透之人。

（二）遇事少纠结，积极处事

生活中难免会遇到不如意之事，甚至可以说，鸡毛蒜皮的小事往往占据了生活的绝大部分。我们如果能以一种积极的思维来看待任何事，拓宽眼界，或看书，或旅行，身体与灵魂总有一个在路上，心情也会更舒畅。

做一个大气的人，做一个超脱的人。人之一生，始料未及的事情太多，只有豁达于己，方能从容于世。

六、慢下来，让灵魂跟上来

人们常说"身体与灵魂总有一个要在路上"，然而，在路上的身体或灵魂，也要懂得慢下来，才能找到本心。

闲看庭前花开花落，漫随天外云卷云舒，是惬意生活的写照。但是，并非每个人都可以诗意生活。很多人从小便目标明确，他的一生不过是一直朝着既定的路线前行。沿途的风光，入不了他的眼；周遭的风景，似乎都与他无关。他的世界只剩下目标。只是，当有一天他终于站在了终点，再回过头来看过往的一切时，才发现自己的记忆竟是一片空白，什么精彩都没有。目标的达成，成就的获得，未能弥补心中所缺的那一块，这样的人生，无疑是缺憾的。

人的一生，从出生到死亡，长度是不确定的，但我们可以拓宽生命的宽度与深度。让脚步慢下来，感受路途中所遇到的是非对错，从而知道我们想要的究竟是什么，让灵魂作指引，带领我们去真正想去的地方。

生命的流失是悄无声息的。当你过于焦躁，步伐亦会紊乱。当身心得不到休息，便无法细细品味生活。生活的美好与欢乐便与你失之交臂。只有慢下来，你才有时间去感受，去思考；只有慢下来，你才能明白自己内心真正所想又不忘初心。在这个纷繁忙碌的时代，唯有慢下来，才能让灵魂跟上来，体味生命的真谛。

　　李子柒的生活让许多人羡慕不已，可可也是她的铁粉。李子柒，将自己的生活过成了诗和远方，把平凡的生活过得诗意盎然，把普通的日子过得舒适别致，并通过视频录播向网友展示了这一切。李子柒的生活可以用一个词来形容，那便是慢节奏。日出而作，日落而息，一个人、一双手、一菜篮、一锄头、一茅屋、一条狗等，简单到质朴的元素，组成了她的世界。

　　李子柒生活中所用的器具，都完全没有现代的气息，都是最原始的。用原始的器具来过原始的生活，便注定是慢节奏的。自己种菜，等种子破土发芽，再长大；等果实的成熟，看它花开花落，由青色到成熟。

　　透过李子柒的生活视频，观众可以看到春夏秋冬的缓慢变化，可以看到白天与黑夜的昼夜更替，也可以看到每天时光的缓慢流逝，从酿酒中掠过，从书本上掠过。这样一种慢节奏的生活充满了诗情画意，让生活在快节奏时代的众多人羡慕不已，心生向往。可可也沉醉在对这种生活的痴迷中。

　　因为向往，所以期待。将偶像李子柒的生活与自己的生活相比，可可觉得自己的生活简直太过枯燥。可可想要将生活变得像李子柒那般雅致，也就是将平淡无奇的生活变成一场惬意的、浪漫的旅程。太过沉醉的可可，辞掉了自己的工作，告别了城市的繁华生活，回到了农村。

　　可可准备过上自给自足的农村生活。她买来了需要的农具，还有各种种子，并开始自己的生活。一开始，可可兴致满满，仿照网红李子柒的生活模式，自己播种，自己耕耘。她特意将后院整理出来，准备打造成一个果园。可可想象着不久后自己便能像偶像一样，感受农村生活的质朴、简单、惬意、舒适。

只是不到一个月，可可便发现自己静不下心来享受农村生活以及干各种农活。具体一点来说，可可没有耐心做大多数的农活，也做不到像偶像李子柒那样得心应手，比如翻土，播种，酿酒。在这些具体实践中，可可要么失败，要么忙得晕头转向而毫无收获。甚至由于太过劳累，可可一度生病，很久才痊愈。可可最终还是选择回到了城里，放弃了农村生活。

只有经历过，才更懂得自己想要的生活。一个月的农村生活，也可以说是原始生活，让可可明白，并非每个人都可以像李子柒般惬意，绝大部分人都做不到像她那般悠闲。农村生活很艰苦，干农活很累，即便这些可可都可以克服与忍受，但如果自己的心没有静下来，整个人处于浮躁之中，深处再悠闲惬意的环境，周遭再一片宁静祥和，自己也还是无法享受生活。

知道了这一关键点，可可明白了，并非只有处在僻静的农村才可以安然享受生活，只要你的心可以静下来，只要你的步伐没有走得太快而丢掉灵魂，即使深处闹市，你也能够好好享受慢生活。

工作之余的一本书，一杯茶，便足以让空闲时间变得有趣而雅致。即使是笔直向前的柏油马路，但只要肯驻步，肯抬头，映入眼帘的也会是蓝天白云和偶有的飞鸟掠过；即使到处是高楼大厦，车水马龙，偶尔停下来，也能聆听到不远处传来的浑厚钟声。你会发现，不论是热闹还是寂静，都是构成生活的一部分。而要享受生活，其实也很简单，不过偶尔让身心慢下来，让灵魂跟上来，那便处处是风景，处处可享受。

当一味强调快而将耐心从生活中剥离出去时，生活的意境也会消失不见。如能在繁忙的生活中稍作休息，在浮躁的时刻让心情平复一会儿，生活的美，便会流淌在慢生活的各个角落。

当然，慢生活不代表懒散生活。懒散生活是一种对生活失去了激情，失去了热爱的状态，而慢生活是能够在纷繁复杂的生活中倦了、累了的时刻，可以与心交流，与灵魂交流，对生活的热情与希望从来没消失过。要做到慢下来，你需要：

（一）慢，从生活点滴开始

所谓的慢生活，绝不是拖沓或拖延，而是有意识地控制自己的速度，更合理地安排自己的时间，从日常生活着手，使得自己能够从容又精致地生活。

（二）内观己心，多元思维

当代人习惯于为自己未得到的焦虑，永不停息地去追求，而对于已经拥有的，往往视而不见，如此便陷入一种求而不得的不满足状态，幸福感也就大大降低。只有懂得与灵魂对话，学会感悟生活的多姿多彩，能够从多方面享受生活，方能平衡生活。

慢生活，是对功名利禄的淡视。当你寻得内心的节奏，静下心来享受，生活便处处充满阳光。

七、学会选择，懂得取舍

我们应该牢记，得与失其实是相对应的。当你一味想要获得某些东西时，其实你也正在失去一些东西。而这些失去的东西，却不一定能换得回来，比如为了赚钱而赔上健康，甚至生命。在这个纷繁复杂的世界里，只有懂得限制无限膨胀的欲望，放下心灵的枷锁和精神的包袱，生活才能更轻松，更自由。

当然，在这个诱惑无处不在的今天，要真正做到放下并不容易。朋友事业有成，你做不到不羡慕；邻居家财万贯，你做不到不向往。于是，为着有朝一日能过上他们那般物质丰富的生活，你不惜拼尽全力。当身边人都在往前赶，当他们都在告诉你要再快一点才能成功时，你做不到不在意，于是，你加入了他们的队伍前行，却在忙碌中渐渐迷失了方向，越走越远，身心也得不到休整与放松。

沉迷于网络游戏的乐乐，人生哲言是"人生太过短暂，要及时行乐"。乐乐坚持这种谬论，从而心安理得地享受网络游戏给他带来的快感与成就感。然而，对于乐乐沉迷游戏这件事，他的父母需要承担最大的责任。

在乐乐很小的时候，父母因为工作太忙而没有时间陪伴他，他便沉迷上了电子产品。上学后，相比于和同学在一起玩耍，不乐于社交的乐乐更喜欢独自玩游戏。

父母对于乐乐沉迷于游戏的事情很愤怒，也曾对他进行过严厉批评，然而并没有什么效果。当他们发现无论是打骂还是耐心沟通都无效后，因为工作忙碌的父母便放弃了对乐乐的管教。

父母觉得，乐乐之所以沉迷于游戏，是因为他年纪还小，等长大后，他自然就明白应该努力学习了。再加上他们实在太忙，无法抽出更多时间去管教，于是被放养的乐乐便更加沉迷于游戏。

但结果却并没有像父母所期望的那般发展。乐乐进入高中后，即使有高考的压力，乐乐的心态也没有丝毫转变。当看到身边人都在夸自己的孩子多么优秀，而他们的乐乐却一直逃课，成绩一塌糊涂之后，父母才终于感到焦虑。

他们很后悔自己对孩子疏于管教，如今事业已有所成的父母开始为乐乐始终沉迷于虚拟世界头痛不已。在劝说无效后，他们最终只好将乐乐送到特殊学校，强制让其戒掉网瘾。虽然最后成功让乐乐戒掉了网瘾，但在过去的十几年时间里，乐乐的人生过得一塌糊涂，往后的人生也不知道该怎么走。

直到这时，他们才意识到自己虽然在工作上取得了成就，但却在做父母上非常失败。而这样一种失败，跟他们忽视对孩子的教育是直接相关的。他们深刻认识到，只顾追求事业成就的他们，毁掉了孩子创造更好人生的可能。

作为父母，既然选择生下孩子，便要对孩子的人生负责。如果做不到，那便是失败的父母。在生活中，我们每个人的身份都是多样的，可以是工作者，是孩子，是父母，是朋友，是爱人，不同的层面，不同的身份。而要在每一层面都成为一个上人肯定的人，则取决于个人的能力与责任感，也关乎于个人的选择与取舍。而人生，便是在不断选择与取舍中度过。一旦选择失误，抑或取舍不当，所造成的结果往往是得不偿失的。

不同的选择，就会有不同的结果。一个人的欲望是无限的，这就决定了每个人需要做出恰当的抉择，适当放弃。做出选择很容易，取舍得当却并非易事，在这个过程中，你需要：

（一）拒绝犹豫，敢于抉择

人的一生所要做出的决定太多，而在选择的十字路口，尤其是当不确定何为恰当选择时，人们往往容易陷入两难境地。只是，选择的过程，必定是取舍的过程，这个过程即使痛苦，也不得不适时做出选择，优柔寡断只会贻误时机，耽误事情的进展。

（二）控制欲望，树立正确价值观

无欲无求的人生是不存在的，但欲望又是无止境的。这就需要我们学会掌控自己的欲望，不迷失于欲望的旋涡，以正确的价值观为导向，做出恰当的选择。

（三）定位自己，目光长远

我们应该明确自己的身份与地位，负担起自己应尽的责任，为实现自我价值而拼搏。并且，在做出相关选择时，要以长远的目光来看待当下的选择，既考虑当下，又为未来负责。

当一个人懂得如何选择与放弃，深谙取舍之道时，才能处理好各种关系，做自己人生的主人。

八、适度暂停，走得更远

在忙碌的工作之余，懂得适度暂停，不是偷懒，也不是逃避，而是一种明智的选择。此时的暂停，让你可以有更多的时间来思考下一步该如何做。在这个暂停的时间段内，紧张或者慌乱的你，可以恢复冷静，从而更有利于事情的解决。

当你的思路受阻时，适时暂停，你将有时间来重新整理思绪，这对于后续工作的开展是极为有利的。在做出重大选择前选择暂停，你将有更多的时间来冷静思考，不至于匆忙做出决定导致失误。一天的忙碌工作后，累了或倦了，没有片刻的休息以及精神的放松，身心不会感到舒适。暂停片刻，让精神重新抖擞。

很多事只有停下来，你才能看得更清，目标更准，行动更快。

一鸣是个非常有抱负的人，在事业上干出一番成就是他近三年的职业目标。对于工作，每一步一鸣都有明确的规划，倘若每一步都能落实下去，不出三年，一鸣相信自己定可以实现目标。然而，一鸣工作没有多长时间便觉得自己并不是很喜欢目前的这份工作，而且，这份工作的发展前途也不是很大。没有经过太多思考的一鸣就辞职了，跳槽进了另外一家公司，却不料从此陷入辞职的往复之中。

一鸣没有给自己时间去认真思考究竟想要怎样的工作，也没有思考如果遇到自己不喜欢的工作，他应该如何处理等问题，而是选择了不断辞职。这样导致的后果，不过是浪费了很多时间。在多次辞职后，一鸣对自己的工作能力产生了怀疑，对工作也失去了热情。失业在家的他，整个人变得消沉，生活过得颓废。

一次偶然的机会，一鸣报名参加了"百里毅行"活动。活动开始后，一心想要尽快到达目的地的一鸣只顾埋头往前赶。然而走了很久之后，已经筋疲力尽的一鸣却发现想要到达目的地还要很久，于是便有些沮丧。他觉得自己可能无法坚持下去了，甚至想要就此放弃。

与他不同的是，身旁的人心情一直很好，也没有表现出疲惫。一鸣有些好奇，便与他进行了交流。那人告诉一鸣，"百里毅行"只是一项活动，这项活动的目的并不仅仅是为了让参赛者以最快的速度到达最终目的地，而是让人们明白，行走的过程同样重要。

一鸣终于懂了，如果自己不是这样一味追求结果而忽视了过程，这段经历会有所不同。如果懂得适时暂停，将会获得更多。在驻步的片刻，可以看到路旁的青草野花，听到虫鸣鸟啾，嗅到空气中泥土的芬芳。此刻的一鸣幡然醒悟，只顾往前赶的自己，忽视了沿途的美丽风景，且太过在意身心的疲惫。

其实，不只是"百里毅行"活动，任何事不都是这样吗？结果重要，过程同样重要。当你的心静下来，脚步慢下来，你会发现不一样的风景，而最后的结果便能够在心情愉悦中如己所愿。

经过这次"百里毅行"活动，一鸣感悟了很多。他懂得了适度暂停，方能走得更远的道理。一直以来，一鸣太过注重结果，且由于不停息极易产生倦怠感，他自己也难以坚持下去。心情豁然开朗的一鸣，把自己收拾一番，重拾自信，并带着热情找了一份新工作。不同于之前的急躁心态，这次一鸣全身心投入到了工作之中。当在工作中遇到一些问题，或者感到疲倦时，一鸣便会暂停下来，放松一下，给自己一点时间思考，之后精神抖擞重新投入到工作之中。不过两年时间，一鸣便在工作上小有成就。即使与其最开始的愿望有些出入，但一鸣相信，最好的结果迟早会到来。

在日常生活中，有些人可能忙了一辈子也不知道自己在忙些什么。如果以天来计算，人生之路的确是漫长的。在这个漫长的过程中，如果急于看到结果，毫不停息地往前行进，忽略了生命中的精彩，那无疑是遗憾的，因为他们的人生太过单调。

而那些享受过程，缓步慢行到达终点的人，却在努力的同时也感受到了人生的可爱与精彩，感受到了追求快乐之后的欢愉。

这二者的人生体验是完全不同的。

要欣赏花开，你需要等待，要创造精彩的人生，同样需要等待。等待的过程，是需要我们用心来铺垫的。在这个过程中，你需要等待，需要暂停，需要慢慢来。

（一）拒绝疲劳战，适度停顿

凡事有目标，更能激发个人的斗志，但在这个追求结果的过程中，不可一味求快，因为不停追赶将导致疲惫甚至劳累过度。只有适度停顿，稍作休整，才能适时调整好自己的状态，成功完成"持久战"。

（二）多角度思考，从容人生

心理学研究表明，保持一定距离，以旁观者的角度来看待问题，往往能得到新的思绪与灵感。在日常生活中，我们也应懂得三思而后行，多角度思考，从而做出最佳选择。远距离审视我们所面临的挑战，采取观察者的角度，可以提高我们的推理能力，产生之前所没有的新见解和新解决方案。

太过匆忙的一生，将会是劳累的一生。适时暂停，你才有时间调整自己，才能感受一切美好。在这个时间一去不复返的世界，懂得放慢脚步，暂停片刻，方能享受生活的惬意与斑斓。

九、认真对待每一天，边走边欣赏

一个认真对待每一天的人，生活也必回馈于他充实。有的人认为人生苦短，要及时行乐，于是他的生活变成了一场享乐游戏；有的人感悟到了生命的有限，每一天都是不可复制的，于是珍惜并过好每一天成为其生活的信仰。

不同的选择会有不同的结果，而不同的结果又会形成各异的生活感悟。从一天到一年再到数十年，只有当你过好每一天，走好每一段路程，才可能岁月无悔。

在生活水平日渐改变的当下，人心难免会变得浮躁。或为基本的生计而奔波，或忙碌于实现自己的理想……而最终的结果并非总是能如人所愿。在追求这一切的过程中，注定不会是一帆风顺的。这就需要我们懂得调适自己的心态与情绪，目标与理想。对一时的挫折或得失，不必太过在意，懂得放松自己，才不会被生活打败，不会让自己的身心被生活琐事所累。

我们所能掌握的，只有今天，而人生中最精彩的，也是今天，我们能够创造奇迹的，还是今天。过好每一个当下，真切感受生活的酸甜苦辣，不惧压力，勇往直前，边走边欣赏，方能做到不负时光。

在一家上市公司做招聘专员的阿蒙最近十分苦恼。烦闷的工作使她几度想要离职，却又迫于生存压力而不得不继续工作。由于公司近一年的业务不断扩张，加之员工流动性较大，导致招聘部门压力不断增大，阿蒙像是被一座大山压住，喘不上气。各部门隔三岔五地来找阿蒙要人，有时候连去食堂吃个饭，阿蒙也能碰到某部门主管苦今今地问她最近是否有新入职的人，简直让阿蒙连吃个饭也不安心。

　　公司还在不断扩展业务，阿蒙感慨忧愁的日子似乎遥遥无期。心里憋着一口气，阿蒙整个人也变得焦躁不安起来。尽管每一天都想逃离这里，离职的念头每天冒出几回，但阿蒙还是没有勇气开口提出离职。毕竟上有老、下有小，再加上房贷车贷，她实在不敢轻易做出决断。

　　煎熬了小半年，在压力束缚下，阿蒙的月经都不正常了。日子变得煎熬，生活似乎也了无生趣。直到一个周末，女儿央求阿蒙带她外出游玩，阿蒙的心态才有了彻底的改变。

　　虽然带着女儿去逛植物园，但阿蒙心里一直想着堆积如山的简历，机械的招聘电话与不如意的面试人选。尽管花红柳绿、满山翠色，阿蒙也感到索然无味。女儿倒是很开心，对一些无名的花草都很好奇，一个劲地缠着阿蒙问。看着花草中尽情欢乐的女儿，脸蛋上洋溢着最纯净的笑容，阿蒙知道，此刻的女儿早已忘记了昨天因写作业而挨的骂，忘记了先前摔了一跤尚未痊愈的伤痛……

　　一瞬间，被触动的阿蒙不无感悟。作为成年人的自己，早已明白生活中总有不尽如人意的事，却还是学不会调适自己。而不满5岁的女儿之前的难过是真实的,此刻的欢愉也是真实的。人生,不就是如此悲喜交织吗?美好春日应尽欢,怎能因一些烦心事而辜负这大好的春光呢?平和心态,坦然面对生活中的不如意才算是认真对待了每一天啊!

心绪变得安宁的阿蒙回顾了工作中的诸多琐事,竟也不觉得烦躁。想到之前一不如意便想辞职的自己,此刻却觉得那个只想逃避问题的自己太过幼稚。阿蒙又想到,自己平时工作忙碌,陪伴孩子的时间少之又少,在此后短暂的几十年里,能够像现在这样在明媚的春光中陪伴孩子,机会大概也不会太多。何不趁着阳光正好,好好享受当下的日子?想通了的阿蒙,心情变得舒畅起来,全身心投入到与女儿的玩乐中。

生活中的大多数人和阿蒙一样,都是一边为工作与家庭所牵绊,一边又向往着自由和悠闲的生活。只是,对于如今的成年人来说,必定是要背负更多的责任与压力的,而开心的、不开心的日子都会成为每个人人生中的一部分。不害怕困难,不逃避问题,才能边走边欣赏沿途的风景,努力而又认真地过好每一天。

当今社会,女性压力大成为普遍存在的问题。可能有人会说,男性要负担起养家糊口的重任,成为家里的经济支柱,压力也很大。然而,现代女性的地位与男性是平等的。努力工作,赚钱养家也是女性的应尽之责,而女性要面对的家庭琐事显然要比男性更多,因此压力也更大。当然,不论是男性还是女性,只有懂得及时调适自己,认真对待并过好每一天,方可从容面对生活中的意外。

（一）花一定的时间陪伴家人

每个人都渴望家的温暖，当生活中有不如意或工作不顺时，策划一次家人之间的小聚会或旅行，能够有效缓解身心疲惫。

（二）日常减压

我们难免会对生活抑或工作产生怠倦，这时便需要及时调整心态，平复自己的情绪，这时可以洗个热水澡或者泡泡温泉，于日常点滴中给自己减压。

认真对待每一天，是对自己的人生负责，也能够以良好的心态，顺其自然地生活，高效对待工作，享受生命中的真实。